还原性气氛下淮南煤灰行为特征和影响因素研究

李寒旭　著

中国矿业大学出版社

内 容 简 介

本书介绍了淮南矿区煤样的矿物组成、煤灰的晶体矿物组成和化学组成以及矿物颗粒分布规律;在还原性气氛下考查了利用助熔剂和配煤降低淮南煤灰熔融温度,改善黏温特性的影响规律;探讨了煤中矿物组成、晶体矿物组成与煤灰熔融温度的关系;研究了助熔剂和配煤对淮南煤灰的矿物组成变化规律和煤灰熔融过程的影响机理;利用 FactSage 热力学软件计算了还原性气氛下煤灰液相生成量变化规律和矿物组成变化趋势。本书对于解决煤炭利用过程中与灰有关的各种问题具有理论指导意义。

本书可以供矿物加工、采矿、选矿、安全等专业的本科生、研究生及教师参考使用。

图书在版编目(C I P)数据

还原性气氛下淮南煤灰行为特征和影响因素研究 /
李寒旭著. —徐州:中国矿业大学出版社,2020.4
ISBN 978 - 7 - 5646 - 4676 - 9

Ⅰ. ①还… Ⅱ. ①李… Ⅲ. ①煤灰—研究 Ⅳ.
①TQ536.4

中国版本图书馆 CIP 数据核字(2020)第 061845 号

书　　名	还原性气氛下淮南煤灰行为特征和影响因素研究
著　　者	李寒旭
责任编辑	于世连
责任校对	张海平
出版发行	中国矿业大学出版社有限责任公司
	(江苏省徐州市解放南路　邮编221008)
营销热线	(0516)83884103　83885105
出版服务	(0516)83995789　83884920
网　　址	http://www.cumtp.com　　**E-mail**:cumtpvip@cumtp.com
印　　刷	徐州中矿大印发科技有限公司
开　　本	787 mm×1092 mm　1/16　**印张** 10　**字数** 256 千字
版次印次	2020 年 4 月第 1 版　2020 年 4 月第 1 次印刷
定　　价	36.00 元

(图书出现印装质量问题,本社负责调换)

前　言

　　深入研究淮南煤中矿物组成、矿物粒度分布规律、还原性气氛下灰的行为特征和熔融机理，对于从根本上解决淮南煤在汽化过程中与灰相关的各种技术和环境问题具有重要的作用，并且对于淮南煤清洁、高效、经济利用具有重要意义。本书介绍了淮南矿区煤样的矿物组成、煤灰的晶体矿物组成和化学组成以及矿物颗粒分布规律；在还原性气氛下考查了利用助熔剂和配煤降低淮南煤灰熔融温度，改善黏温特性的影响规律，探讨了煤中矿物组成、晶体矿物组成与煤灰熔融温度的关系；研究了助熔剂和配煤对淮南煤灰的矿物组成变化规律和煤灰熔融过程的影响机理；利用 FactSage 热力学软件计算了还原性气氛下煤灰液相生成量变化规律和矿物组成变化趋势。本书介绍的研究成果为高灰熔融性淮南煤在煤汽化过程中的清洁、高效、合理利用提供了理论基础依据，对于解决煤炭利用过程中与灰有关的各种问题具有理论指导意义。

　　在撰写本书过程中，安徽理工大学张明旭教授、严家平教授、姚多喜教授、高良敏教授、闵凡飞教授给予了很多的指导和帮助，在此表示衷心的感谢；安徽淮化集团张俊董事长、陈方林副总经理在项目完成和实施过程中提供了各种支持和帮助，在此表示衷心的感谢；中国科学院山西煤化所邓蜀平研究员给予了无私的关怀和热心的帮助，在此表示衷心的感谢。

　　本书的研究工作得到了安徽省"十一五"科技攻关项目"高灰熔融温度煤直接汽化技术研究"（06002013B）、安徽省科技攻关计划项目"两淮矿区煤对气流床汽化适应性的应用研究"（08010202059）、安徽省教育厅自然科学基金项目（2004kj125）和淮南市科技计划项目"配煤及添加助熔剂降低淮南煤灰熔融温度"（2003001）的支持，在此表示感谢。

　　由于作者水平有限，书中难免存在错误或者不妥之处，请读者批评指正。

作者

2020 年 1 月

目　　录

第1章 绪 论

1.1 研究背景

化石能源(包括煤炭、石油、天然气)资源比较丰富,在一次能源结构中占比达90%,是当今的主要能源。石油、天然气储量分别可供40年、60年的需求[1],而煤炭储量截至2019年底,世界煤炭探明剩余可采储量10 696亿t。中国能源探明总储量结构为:煤炭87.4%、石油2.8%、天然气0.3%、水力9.5%。由于煤炭资源大大超过石油和天然气资源,所以煤炭资源成为主要能源。我国总的能源特征是"富煤、少油、有气"[2]。中国能源资源的种类分布见表1-1[3]。

表1-1　　　　　　　　　　　中国能源资源的种类分布　　　　　　　　　　单位:%

能源名称	煤炭	水力	石油、天然气	总计
按能源资源分布	87.4	9.5	3.1	100
按化石能源资源分布	94.3		5.7	100

2006年中国能源消费结构为煤炭69.4%、石油20.4%、天然气3.0%、核能和水能7.2%。2003年世界主要国家化石能源在一次能源消费结构中的比例见表1-2[4-7]。在21世纪初,煤炭在我国一次能源构成中的比例仍居高不下。

表1-2　　　　　　　　部分国家化石能源在一次能源消费结构中的比例

消费结构	石油/%	天然气/%	煤炭/%	总计/%
美国	44.5	27.6	27.9	100
中国	24.9	2.7	72.4	100
日本	57.9	16.0	26.1	100
英国	38.1	42.5	19.4	100
德国	43.3	26.6	30.1	100
法国	64.5	27.0	8.5	100
加拿大	46.8	38.2	15.0	100
意大利	53.6	37.5	8.9	100
世界总计	30.9	26.9	45.2	100

注:摘自"BP Statiatical Review of Word Enery"(2004年版)。

我国 2000 年原油和成品油净进口量达 6 960 万 t,进口依存度达 30% 左右。据周凤起[6]等估计我国到 2050 年石油缺口 4.0 亿 t、天然气缺口 1 000 亿 m³。中国作为最大的发展中国家,能源的发展应建立在安全、多样性和可持续性的基础上。中国能源依赖于大规模的、长期的从国际市场上购进石油是危险的。为了我国的可持续发展,解决好能源与环境问题至关重要。在 21 世纪上半叶,要大力开发推广洁净煤技术,要大力发展煤化工产业[7]。

我国石油资源相对匮乏。随着经济社会的发展,石油及石化产品需求迅速增长,其供需矛盾将日益突出。而相对于化石资源,我国煤炭资源储量比较丰富。在煤炭消耗持续增长的情况下,为了减少污染的排放和应对上述挑战,必须要提高能源利用效率,推广应用洁净煤技术和研发以煤汽化为核心的多联产能源系统。这样可显著提高煤炭发电效率、减少污染物和温室气体排放,并可把煤炭高效洁净地转化为液体、气体燃料。为了保障能源安全,开发洁净煤新技术,是当前中国能源发展的现实选择。煤炭不仅是重要的工业燃料,还是重要的化工原料,特别是最近石油价格不断波动,化工原料从石油、天然气重新回到以煤为主的路线上来。煤经济优势日益凸现。以生产洁净能源和可替代石油化工产品的新型煤化工项目已成为国内各地投资热点。煤汽化技术是发展煤基化学品、煤炭液化产品、煤汽化联合循环发电、煤基多联产等工业的龙头和关键,是洁净煤技术领域的关键共性技术,直接决定煤化工项目的成败。

做好煤化工,选好煤汽化技术至关重要。目前世界上煤汽化方式多种多样。每种煤汽化方法适用的煤种各不一样。煤种或煤质是影响煤炭汽化技术或工艺选择的主要因素之一。煤种或煤质对工艺技术的选择、工艺操作过程、产品品质、系统运行的经济性以及环境保护有直接影响。德士古和 Shell 气流床汽化技术以其清洁、高效代表着当今汽化技术的发展潮流,我国的鲁南化肥厂、上海焦化总厂、渭河化肥厂、淮化集团等多家企业先后引进了德士古汽化炉。中国石化安庆分公司、湖南巴陵石化公司化肥厂和广西柳化集团等多家企业选用了 Shell 炉干煤粉汽化技术。在我国已商业运行的气流床汽化工艺过程中,普遍存在灰分含量高、灰渣熔融性不好、飞灰沉积黏附、灰水难以处理、排渣困难等工艺技术问题和环境问题,严重制约着工业化装置的安全、经济、稳定和环境友好运行,并逐渐成为制约各地煤化工企业发展的主要问题之一。这些问题与煤种和煤质直接相关。从深层次原因来说,这些问题是与煤中矿物组成和煤灰在还原性气氛下的高温化学行为有直接的关系。

我国煤炭资源虽然储量十分丰富,但是分布不均。我国各地煤炭种类和性质相差较大,所以在煤化工行业发展的同时出现了不少相关的问题。在发展大型煤汽化的过程中,从国外引进的各种汽化工艺在使用过程中由于煤种的限制,影响了其安全、稳定、高效运行。每种汽化工艺均要选择适合其汽化的煤种,这样才能保证汽化的正常运行。气流床汽化炉汽化温度为 1 400 ℃ 左右,而纯碳的汽化反应在 1 100 ℃ 就可快速进行。高温操作的目的主要是将煤中的灰进行熔融,以提高碳的利用率。从这种意义上讲,气流床煤汽化炉反应不是由煤中有机物主要控制汽化的进程,而是由灰决定汽化的关键操作参数及其设备材料。气流床汽化技术的问题之一是对煤中矿物组成、含量以及灰渣熔融特性有更为严格的要求。煤灰渣熔融特性是各种汽化工艺选择原料煤种的一项极为重要的条件。掌握煤灰行为,降低煤灰熔融温度,改善灰渣流动特性是气流床汽化炉的关键技术。各地在发展煤化工的同时,应针对本地煤种适应性进行充分研究,从根本上解决限制煤化工发展的瓶颈问题。

1.2　研究内容和研究意义

安徽省是一个煤炭大省。该省煤炭保有储量 284 亿吨,位列华东地区第一。安徽省实施的"861"计划,将加快淮南化工老系统改造和安庆石化油改煤步伐。其中淮南煤化工基地的建设分三期建设,总投资 300 亿元。淮南煤化工基地的建设核心是煤炭洁净汽化技术,是实现"以煤代油"的龙头技术。淮南煤化工基地建设基础立足于安徽当地煤炭资源。原料煤是煤化工基地建设的基础,是一个非常重要的问题。虽然淮南煤炭资源丰富,但有关淮南煤的煤质评价、汽化、液化等方面的研究基础薄弱。为了合理、有效、经济、洁净利用淮南煤,减少淮南煤主要用于燃烧所带来的环境问题,必须针对淮南煤特别是淮南煤灰化学行为进行深入细致的研究工作。

淮南、淮北两大煤田煤炭储量占安徽省全省的 99%。淮南煤田煤质优良,储量丰富,是优良动力煤和化工原料。但由于淮南煤灰熔融温度过高,不能直接应用于德士古和谢尔汽化炉。安徽淮化集团不得不放弃当地丰富的煤炭资源,远距离购买低灰熔融温度煤,运力紧张,运费较高,生产成本提高,在市场上缺乏竞争力。对于安庆石化来说,其选用的谢尔干煤粉气流床煤汽化工艺的设计煤种为淮北刘二煤。该煤灰熔融温度较高,直接影响到 Shell 汽化炉的操作工艺状况。采用 Texaco 汽化技术的淮化集团和 Shell 干煤粉汽化技术的安庆石化都面临着如何利用安徽当地煤源以及装置的安全、环保、经济和稳定运行的问题。要想提高企业的核心竞争力,提高产品的竞争力,解决困扰安徽煤化工基地建设和发展的瓶颈问题,必须解决高灰熔融性淮南煤在气流床汽化中的应用问题。这就要求对淮南煤的矿物组成、灰成分以及还原性气氛下的灰熔融温度、黏温特性和矿物组成等进行深入细致的研究工作;摸清淮南煤灰渣熔融特性,找出其变化规律;通过添加助熔剂和配煤解决高灰熔融性淮南煤在 Texaco 和 Shell 汽化中的应用问题。本研究具有如下意义。

(1) 通过淮南煤矿物组成、灰成分、灰熔融温度的研究,摸清淮南煤灰熔融特性,找出其变化规律,为解决目前淮南煤主要用于燃烧所带来的环境问题,以及淮南煤为代表的高灰熔融温度煤的进一步合理、有效、清洁利用提供基础依据。这具有重要的理论意义;

(2) 在扩大气流床汽化煤源,拓宽气流床汽化煤种,降低成本,提高生产效率,减少污染等方面具有重要意义。对于煤化工企业的发展,这具有明显的经济、社会和环境效益。

(3) 这对于合理、有效、洁净开发利用淮南煤炭资源,彻底解决安徽煤化工基地建设的"燃煤之急"以及淮南煤化工基地的建设具有重要意义。这对于在安徽发展煤化工产业具有重要的理论意义和实际意义。

参 考 文 献

[1] 范维唐,杜铭华. 中国煤化工的现状及展望[J]. 煤化工,2005(1):1-5.

[2] 钱伯章. 加快发展洁净煤技术[J]. 煤化工,2002(4):3-6.

[3] 李璞,段慕松. 洁净煤技术发展概况[J]. 洁净煤技术,2005(4):11-13.

[4] 吴春来. 21 世纪我国煤炭综合利用趋势浅析[J]. 煤化工,2000(4):3-5.

[5] 何金祥.2003 年我国化石能源消费结构与世界其他国家的比较[R/OL].国土资源

部 信 息 中 心. http://www. lrn. cn/bookscollection/magazines/maginfo/
2004maginfo2004_11/200611/t20061117_3115. htm.

[6] 周凤起. 中国石油供需展望及对策建议[J]. 国际石油经济,2001(5):5-8.

[7] 范维唐. 跨世纪煤炭工业新技术[M]. 北京:煤炭工业出版社,1997.

第 2 章　文 献 综 述

2.1　气流床汽化技术发展趋势

煤汽化是对煤炭进行化学加工的一个重要方法。高压、大容量气流床汽化技术具有适用于大规模生产、煤种适用性广和较高的碳转换效率等技术优越性,显示了良好的经济、环境和社会效益,代表着煤汽化技术的发展趋势,是现在最清洁的煤利用技术之一,是洁净煤技术的龙头和关键[1]。随着合成氨、甲醇、二甲醚、煤制油、煤制烯烃等产业的快速发展,气流床汽化技术已成为以煤为原料生产合成气的首选技术[2]。目前,煤汽化技术发展的总方向是:汽化原料多样化、汽化压力由常压向中高压(8.5 MPa)、汽化温度由中高温向超高温(1 400~1 600 ℃)、固态排渣向液态排渣发展。气流床汽化技术的共同特点是加压、高温、细粒度,但在进料形态与方式、实现混合、炉壳内衬等方面不同,从而形成不同风格的技术。迄今已商业化的整体煤汽化燃气-蒸汽联合循环发电大型电站都是采用气流床煤汽化技术,可见其技术上具有优势。代表性气流床汽化方法有以水煤浆为原料的 Chevron Texaco、Global E-Gas 汽化炉,以干粉煤为原料的 Shell、Prenflo、Noell 及 Eagle 汽化炉[3-5]。其中,已经商业化运行的 Texaco 和 Shell 气流床汽化技术以其清洁、高效代表着当今汽化技术的发展潮流。

2.1.1　Shell 汽化技术

Shell 汽化工艺是下置多喷嘴式干煤粉汽化工艺。为了让高温煤气中的熔融态灰渣凝固以免使煤气冷却器(废热锅炉,简称废锅)堵塞,后续工艺中采用大量的冷煤气对高温煤气进行急冷,可使高温煤气由 1 400 ℃冷却到 900 ℃[6]。这种汽化技术汽化效率、碳转化率均较高,氧耗较低。在选择煤汽化方法时,Shell 汽化技术受到了多数人的重视和欢迎,因此被人们看好[7]。2001 年,壳牌公司与中国石化公司签署了合营合同[8],在湖南省岳阳市建设一个 2 000 t/d 的煤汽化工厂。现合营企业成功开车。壳牌公司在 2003 年以前还向安庆石化等七家化肥制造厂授予了煤汽化许可技术。目前多套 Shell 煤汽化装置已经于 2006 年先后建成开车。还有一大批中小型化肥厂都想改用 Shell 汽化方法。以取代现有的以油或无烟块煤为原料的汽化方法,利用当地廉价的粉煤生产合成氨,降低化肥生产成本;减少污染,增强化肥行业在我国加入 WTO 后的市场竞争力[9]。

由于 Shell 汽化技术采用干粉加料并以水冷壁取代耐火砖,所以炉温可以较 Texaco 技术提高 100~200 ℃[7]。这对煤质的要求相对较为宽松。Shell 汽化技术对原料煤种的适应范围很广,可以汽化包括褐煤、烟煤、无烟煤及石油焦在内的多个煤种;对煤的活性几乎没有要求;对煤的黏结性、含水量、含灰量均不敏感。采用壳牌汽化技术时,灰熔融温度高的煤也能汽化(灰熔融温度大于 1 400 ℃的煤需添加助熔剂)。在美国休斯敦的 SCGP-1 示范装置上曾试用了 18 个不同的煤种,在荷兰 Demkolec 工厂的工业示范装置上使用过包括澳大利亚、哥伦比亚、印尼、南非、美国、波兰等国的 14 个煤种。从实际运行情况来看,煤质对干法粉煤汽化炉的稳定运行至关重要。Shell 汽化的煤种或混合煤种的特性范围如表 2-1 所示[10-11]。采用 Shell 粉煤汽化技术的荷兰 Demkolec 工厂目前的年运转率仅为约 85%,除去大修后的年运转率为约 93%,每年非计划停工时间在 20 d 左右。Demkolec 发电厂汽化的煤种主要是混合煤,是灰分较低的优质煤。荷兰通常从国外进口煤。进口煤经混配后适用于国内电站,因此,该厂汽化的煤种没有选择的可能,煤灰的组成也没有优化,需经常添加助熔剂。总之,一旦煤质发生较大的变化时,该厂停工、停炉事故在所难免,这正是以 Shell 汽化炉为代表的第二代粉煤汽化炉的缺点。

表 2-1 SCGP-1/Demkolec 原料煤主要特性范围

特性	SCGP-1 范围	Demkolec 范围	
水分(AR)/%	4.5~30.7	6.2~18.3	9.1~12.6
灰分(MF)/%	5.7~35.0(0.5)	9.0~16.8	9.7~12.7
氧(MF)/%	5.3~16.3(0.1)	3.8~12.4	6.0~9.8
硫(MF)/%	0.3~5.2	0.3~0.9	0.4~0.9
氯(MF)/%	0.01~0.4	0.01~0.1	0.01~0.04
Na_2O(灰)/%	0.1~3.1	0.1~1.4	0.1~1.4
K_2O(灰)/%	0.1~3.3	0.3~2.3	0.3~1.8
CaO(灰)/%	1.2~23.7(0.8)	0.7~7.9	1.4~7.5
Fe_2O_3(灰)/%	5.9~27.8	3.0~16.7	5.9~16.7
SiO_2(灰)/%	20.9~58.9(6.8)	47.9~67.7	47.3~67.7
Al_2O_3(灰)/%	9.5~32.6(1.9)	17.2~32.1	21.1~30.0
发热量(MJ/kg)	22.8~33.1(35.6) (HHV-MF)	22.2~26.8 (LHV-AR)	24.9~26.5 (LHV-AR)

从壳牌公司煤汽化回顾和各种资料介绍中可以看出[11-13]:Shell 干粉煤汽化技术的进料、磨制、干燥系统和 N_2 输送系统,汽化炉和排渣系统,合成气冷却系统,陶瓷过滤器飞灰脱除以及脱硫脱碳系统在工业运行时存在如下一些问题:① 煤粉磨制系统的安全问题、能耗高、煤粉输送系统的堵塞和搭桥问题,影响汽化炉的正常操作。② 灰渣黏温特性差带来的排渣困难和堵塞问题,汽化炉操作温度过高带来的氧耗增大,汽化炉和相关设备的磨蚀和腐蚀严重,操作难度加大。③ 干煤粉汽化飞灰带出量多,容易在合成气冷却器发生玷污和沉积,堵塞陶瓷过滤器。④ 灰含量较高,反应性差的煤,将会导致飞灰量增大,飞灰含碳量增高,飞灰循环系统和磨粉系统负荷加大等。⑤ 合成气 CO 含量过高,将导致变换工段设备投资加大,操作难度加大。因此,从技术和经济两种角度考虑,煤灰熔融温度、灰渣的黏温特性、煤的活性等指标对汽化过程的影响至关重要,特别是灰渣流动控制、磨蚀、玷污材料、灰沉积、腐蚀系统材料和灰中有害成分析出等问题对汽化过程操作、经济和环境影响巨大[14-17]。煤灰的熔融性和黏温特性仍是加压干粉汽化法选择原料的主要因素。在进行设

计和操作汽化系统时,必须科学、慎重选择煤种,并解决与灰渣行为特征有关的各种问题。工业上为提高碳效率而提高炉温致使耐火材料遭到破坏的情况在南非的工厂已经发生过,在荷兰 Demkolec 厂发电厂的汽化装置上也有过堵渣现象[7]。气流床粉煤汽化技术的问题之一是对煤中矿物种类、含量以及灰渣熔融特性有更为严格的要求。还原性气氛下,煤灰渣的行为特性是 Shell 汽化法选择原料煤种的一项极为重要的条件。

郑振安[8]就煤种特性对壳牌煤汽化装置设计和操作的影响进行了评述,指出壳牌煤汽化技术原则上适用于较广泛的煤种,但在设计时重点要考虑以下参数:① 煤的灰分含量,对出渣口及排渣系统的设计影响很大;② 灰熔融性温度/渣黏度,决定助熔剂的添加量;③ 灰渣的黏度-温度特性,决定炉内流渣和排渣情况;④ 煤的活性,壳牌煤汽化对煤的活性不敏感;⑤ 卤化物、硫和微量元素,决定汽化炉和合成气冷却器的材料以及净化工艺的选择。

吴枫[7]等认为当前 Shell 煤汽化法受到国内煤炭、化工、电力等行业的普遍关注。因其可以采用粉煤为原料,对煤质的要求又不是太苛刻,故很多化肥厂都想用本地廉价的粉煤取代轻油、重油以及无烟块煤,以降低化肥的生产成本,但并不是所有的煤种都适于 Shell 汽化法。必须科学、慎重地选择适宜煤种,才能保证装置长期、稳定、连续、经济的运行。

湖北双环公司 Shell 煤汽化装置从 2006 年 5 月 17 日开车至今因各种原因停车次数高达 30 次以上。双环公司煤汽化装置在运行过程中遇到了很多问题。其中煤的特性对汽化炉运行影响较大是其主要问题之一。

安庆石化公司引进 Shell 汽化装置已于 2006 年底开车,但由于各种问题至今无法长周期连续运行。其中一个重要的原因就是原料煤的问题。刘二煤灰熔融温度较高,变质程度较高,煤的活性较低,可磨性指数在 75 左右,灰渣黏温特性较差,这直接影响到 Shell 汽化炉的工艺状况。安庆石化公司 Shell 汽化装置数次出现因堵渣、排渣困难和飞灰黏附沉积等问题导致的停车事故,给企业带来较大的经济损失和人力物力的浪费。

从技术和经济两种角度考虑,煤中矿物组成、灰熔融温度、灰渣的黏温特性、煤的活性等指标对汽化过程的影响至关重要,特别是与矿物和灰有关的灰熔融温度、灰渣的黏温特性、灰渣流动控制和飞灰黏附沉积特性等煤灰行为特征问题对汽化过程操作影响巨大。煤的灰熔融温度和黏温特性仍是加压干粉汽化法选择原料的主要因素。

2.1.2　Texaco 汽化技术

Texaco 水煤浆汽化工艺的主要特点包括[18]:① 汽化炉结构简单,属于加压气流床湿法加料液态排渣设备,无机械传动装置;② 开停车方便,加减负荷较快;③ 煤种适应较广,可以利用粉煤、烟煤、次烟煤、石油焦和煤加氢液化残渣等;④ 合成气质量好,$(CO+H_2) \geqslant 80\%$(体积百分数),可以对 CO 进行全部或部分变换以调整其比例来生产合成氨、甲醇等,而后续气体的净化处理方便;⑤ 合成气价格低;⑥ 碳转化率高,该工艺的碳转化率在 97%～98% 之间;⑦ 单炉产气能力大;⑧ 三废排放有害物质少,环境友好。德士古汽化装置的主要技术指标[19]包括:操作压力为 3.0～6.5 MPa;操作温度为 1 300～1 500 ℃;煤浆浓度范围为 60%～70%;汽化剂为氧气(96.0%～99.6%)。采用该汽化技术时,由于煤浆具有液体的特性,加压进料容易,所以可以实现更高压力(8～10 MPa)操作[20]。

Texaco 水煤浆汽化技术可以汽化高水分、高灰分、高硫分、高黏结性的煤等煤种,采用该汽化技术在中试装置及工业示范性装置中试烧过各种特性的煤种,并取得了成功。并且可以采用多种原料混烧的办法,最大限度地降低原料的成本。我国的鲁南化肥厂、上海焦化总厂、渭河化肥厂和淮化集团等先后引进了 Texaco 汽化炉。但在实际操作中,作为第二代煤汽化技术的水煤浆汽化工艺对原料煤的要求有一定的局限性。其中煤种选择的好坏直接影响到正常的生产操作。在我国已投入运行的多套 Texaco 水煤浆加压汽化工业生产装置,都不同程度地暴露出了由于煤源的变化或煤质的波动而带来的操作问题[21-22]。国内的鲁南化肥厂和渭化集团有限公司都有多次更换煤种的经验和教训。灰熔融温度高的煤,将对汽化炉耐火砖、测温套管等设备的运行不利。山东鲁南化肥厂初期使用的煤灰熔融温度达 1 360~1 400 ℃,加助熔剂后操作温度也在 1 400~1 440 ℃,加上试车开停炉频繁,使第一炉耐火砖寿命只有 4 141 h。渭河化肥厂的耐火砖在使用不足 1 000 h 便有较严重的损伤。在生产中,为降低操作温度通常向磨煤系统添加助熔剂,但添加系统的波动常使汽化炉渣口堵渣而影响设备正常运行,同时使水系统的硬度大大增加,水系统设备、管道结垢严重,给生产操作、管理和环境保护带来很多麻烦。为此,鲁南化肥厂更换成了灰熔融温度只有 1 250~1 270 ℃的煤种。渭河化肥厂 Texaco 水煤浆汽化装置原设计采用陕西黄陵煤,但投产后,其装置一直不能平稳运行。煤质经常变化对制浆、汽化、排渣、灰水处理产生了极大的影响。这导致工艺操作难度大,装置停车频率高,生产负荷受到限制。为从根本上解决问题,渭河化肥厂选择了甘肃华亭煤作为原料煤。煤种好坏将对整个汽化系统的运转与经济效益产生较大的影响[23-24]。

目前,安徽淮化集团 Texaco 水煤浆汽化装置中存在如下问题:① 原料煤运输距离遥远,费用较高;② 煤质不稳导致汽化炉的操作温度相对偏高(>1 350 ℃);③ 耐火砖腐蚀严重,寿命短,排渣困难等。煤种的适应性严重制约着工业化汽化装置的安全、经济、稳定运行。安徽淮化集团地处煤城。淮南煤以气煤和 1/3 焦煤为主,煤质属中等挥发分,特低硫,特低磷,高热值,黏结性好,可磨性好,碳含量高。淮南煤是一种优质的动力煤和化工原料煤[25],可以制出浓度高达 70% 左右的水煤浆。淮南煤是高灰熔融温度煤种,一般灰熔融温度高(>1 500 ℃)。Texaco 汽化炉操作要求煤灰熔融温度在 1 350 ℃ 左右,这就决定淮南煤不能直接用于液态排渣的 Texaco 汽化装置[26]。限制了淮南煤在以液态排渣为主的锅炉或工业窑炉上的应用。地处淮南的淮化集团不得不从河南义马、甘肃华亭和内蒙古神华等地采购低灰熔融温度的原料煤。Texaco 汽化装置经常由于煤质不稳、原料紧张而装置停车和降低负荷生产。这使汽化装置的经济、稳定、安全和环保运行受到很大影响,进而增加了产品的成本。

深入研究煤灰的化学行为特征,研究煤中矿物加热过程中的转化规律,对淮南煤的合理、清洁利用,对于扩大汽化煤种和稳定汽化操作过程具有重要的意义。

2.2 煤灰熔融性研究进展

煤灰是煤中矿物质在较高温度下灼烧后的产物。根据高温的条件和气氛,所生成的煤灰产物也有所不同[27]。先进的煤汽化和燃烧系统的设计和操作主要取决于其控制和解决与灰有关问题的能力。大量文献[28-32]表明:灰渣流动控制、耐火材料磨蚀、灰沉积、系统材料腐蚀和灰中有害成分析出等问题对煤炭汽化和燃烧的经济性和环境影响巨大。在进行设计和操作汽化和燃烧系统时,必须解决与灰渣行为特征有关的各种问题。

2.2.1　煤灰化学组成与煤灰熔融性的关系

煤灰的化学组成比较复杂。没回化学分析结果表明:煤灰由 SiO_2、Al_2O_3、Fe_2O_3、CaO、MgO、Na_2O、K_2O、TiO_2 和 SO_3 等组分构成。这些组分可分为酸性氧化物和碱性氧化物。酸性氧化物有 SiO_2、Al_2O_3、TiO_2,碱性氧化物有 Fe_2O_3、Na_2O、CaO、MgO 和 K_2O 等[33]。有关研究表明:熔融温度与煤灰化学组成有一定的关系。在酸性氧化物中,Al_2O_3 和 TiO_2 在煤灰中始终起提高熔融温度的作用,SiO_2 在其含量小于 45% 或大于 60% 时与煤灰熔融温度似乎无明显关系。李宝霞[34] 在煤灰渣熔融特性的研究进展中指出:SiO_2 很容易与其他金属或非金属氧化物形成一种无定形的玻璃体物质而没有固定的熔点;该玻璃体物质随着温度的升高而变软,并开始流动,随后完全变成液体,常引起煤灰熔融温度变化的无规律性;碱性氧化物中的 CaO 和 Fe_2O_3 含量较高,对煤灰熔融性的影响较之其他几种组分的更为显著。Y. Ninomiya[35] 等的研究结果表明:添加 $CaCO_3$ 助熔剂可以有效控制尤其是富含 Al_2O_3 的煤灰熔融性,添加助熔剂后煤灰半球温度至少比原煤灰熔融温度低 50～500 ℃。Fe_2O_3 的助熔效果与煤灰所处的气氛性质有关[36]。一般认为,酸性氧化物含量越高,煤灰熔融性温度越高;碱性氧化物含量越高,煤灰熔融温度就越低。硫在煤灰中起降低熔融温度的作用[37]。

国内外许多学者对煤灰熔融性与煤灰化学组成关系做过大量的研究工作,提出了各种预测灰熔融温度的方程。

刘天新等[38] 在《煤炭检测新方法与动力配煤》中主要考虑灰成分的影响,直接回归灰熔融性温度的流动温度与灰中 SiO_2、Al_2O_3、Fe_2O_3、CaO、MgO、K_2O、Na_2O 含量的关系;结合灰化学组成,根据提供的双温度坐标图解,可进行相关定量计算。

姚星一和王文森[39] 根据我国烟煤煤灰组成,提出了如下计算灰熔融温度的公式。

$$FT = 1\ 734.8 - 4.37SiO_2 - 0.07Al_2O_3 - 10.84Fe_2O_3 + 44.3TiO_2 - $$
$$5.43CaO - 0.53MgO - 21.09SO_3 + 28.61K_2O - 2.56Na_2O \tag{2-1}$$

Winegartner 和 Rhodes[40],Sondreal 和 Ellman[41] 分别利用大量美国煤样的分析数据,通过回归分析,得到能够准确预测煤灰熔融温度的预测方程。

Vincent[42] 研究了新西兰煤灰化学组成和熔融温度之间的关系,根据特定煤田的煤灰组成,利用多元回归法,逐步回归来预测煤灰的熔融温度。

平户瑞穗[43] 对添加了助熔剂(CaO 和 Fe_2O_3)的煤灰熔融特性进行了研究,发现:在煤灰中加入 CaO 和 Fe_2O_3 且在弱还原气氛中能大大降低煤灰熔融温度;并根据煤灰中主要化学成分 SiO_2、Al_2O_3、Fe_2O_3 和 CaO 与熔融温度之间的关系,建立了多元回归方程(相关系数 $\rho = 0.95$),能够较为准确地预测煤灰的熔融温度。

Hidero Unuma 等[44] 通过对 24 种煤灰样的化学组成、矿物组成与熔融温度的调查研究建立了一种预测熔融温度的方法,得出传统酸碱指数与煤灰熔融温度相关性不好(相关系数 $\rho = 0.67$),而矿物组成与熔融温度之间有很好的线性关系(相关系数为 $\rho = 0.85$)。

Yin[45] 等介绍了通过煤灰组成预测煤灰熔融温度的新方法—BP 技术[back-propagation(BP) neural network],用来替代传统的三元相图和回归方法。此方法方便直接,准确度较高。Liu[46] 等人开发了基于煤灰化学组成进行模拟计算煤灰熔融温度的 ACO-BP 软件,将氧化物组成作为输入变量,煤灰熔融温度作为输出变量,采用了中国 80 多种典型煤进行实验验证,结果表明该模拟计算软件比经验公式和 BP 模拟更为准确。

Gülhan[47]等利用土耳其褐煤的灰化学组分(8 种氧化物)还有一些相关的煤参数(灰分、比重、哈氏指数和矿物质含量),用非线性关系回归了预测灰熔融温度公式,并与线性关系对比了回归系数和差异;其结果表明:非线性关系可以更好地预估煤灰熔融温度。

煤灰的熔融温度与所处的气氛有关。煤灰中的铁有三种价态,分别为:Fe_2O_3(熔点 1 560 ℃)、FeO(1 420 ℃)和 Fe(1 535 ℃)。在氧化性气氛中,铁以 Fe_2O_3 形式存在,在强还原性气氛中,铁以 Fe 存在;在弱还原性中,铁以 FeO 形式存在,其灰熔融温度最低。在弱还原性气氛下,FeO 和 SiO_2 等物质形成低共熔的化合物。一般氧化性气氛下煤灰的熔融温度比弱还原性气氛中的高 40~170 ℃。工业生产气氛通常为弱还原性气氛[48]。

Sadriye Küçükbayrak[49]在研究土耳其褐煤灰的化学组成与煤灰熔融温度之间的关系时发现研究结果与 Vorres 的"离子势"论点一致。Vorres 认为:煤灰中的酸性组分、碱性组分的行为与其离子的化学结构特性有关,提出了"离子势"的概念。离子势,为离子化合价与离子半径比。Si^{4+}、Al^{3+}、Ti^{4+} 和 Fe^{3+} 的离子势分别是 9.5、5.9、5.9 和 4.7;Mg^{2+}、Fe^{3+}、Ca^{2+}、Na^+ 和 K^+ 的离子势分别为 3.0、2.7、2.0、1.1 和 0.75。由此可见,酸性组分具有最高的离子势,碱性组分的离子势较低。离子势最高的阳离子易与氧结合形成复杂的离子或多聚物,即煤灰中的酸性组分易形成多聚物。碱性组分为氧的给予体,能够终止多聚物的积聚并降低其黏度。Sadriye Küçükbayrak 的研究表明:在氧化气氛中,褐煤灰中具有显著助熔作用的成分是 Na_2O 和 K_2O,其次是 CaO 和 MgO。从离子势的数值看,Na^+ 和 K^+ 最低,其次是 Ca^{2+} 和 Mg^{2+}。这几种组分都能够破坏多聚物,从而表现出助熔效果。Na_2O 和 K_2O 含量最高的褐煤灰熔融温度最低。相关回归分析表明:碱性组分之和与灰熔融温度之间存在着良好的相关性[50]。

刘新兵[51]认为碱金属氧化物以游离形式存在能显著降低煤灰熔融温度。但大多数煤灰中的 K_2O 是作为伊利石的组成部分而存在的,而伊利石受热直到熔化仍无 K_2O 析出,故对煤灰助熔作用大大减小。这说明元素的矿物形态对煤灰的熔融性有重要影响。此外,他认为:煤灰中碱性氧化物含量(即 b 指数)在 40%~50% 时,低熔点共熔体的形成,使熔融温度最低;当 $b<40\%$ 时,煤灰熔融温度随着酸性氧化物含量的增加而提高;当 $b>50\%$ 时,灰熔融温度随着碱性氧化物的含量增加而提高,但对应关系较差。

各种煤灰化学成分对灰熔融性温度的影响规律综述如下[34,52-56]。

(1) 二氧化硅

在煤灰中 SiO_2 含量最多,一般占 30%~70%。有学者认为 SiO_2 在煤灰中起助熔剂的作用,它和其他矿物质进行共熔。SiO_2 含量在 40% 以上的煤的灰熔融性温度较 SiO_2 含量在 40% 以下的普遍高 100 ℃ 左右。SiO_2 含量 30%~70% 这个区间时,SiO_2 含量增加,灰熔融性温度的变化无规律。

(2) 氧化铝

在煤灰中 Al_2O_3 的含量一般均较 SiO_2 含量少。Al_2O_3 能显著增高煤灰的灰熔融性温度。煤灰中 Al_2O_3 含量自 15% 开始,灰熔融性温度随 Al_2O_3 含量的增加而有规律的增加;当 Al_2O_3 含量高于 25% 时,其温差则随 Al_2O_3 含量的增加而愈来愈小。在煤灰熔融时,Al_2O_3 起"骨架"作用,故 Al_2O_3 含量愈多,灰熔融性温度越高。当煤灰中 Al_2O_3 含量超过 40% 时,不管其他成分含量变化如何,煤灰的流动温度必然超过 1 500 ℃。

（3）氧化钙

在煤灰中 CaO 的含量变化很大。许多侏罗纪褐煤部分的第三纪褐煤的煤灰中，CaO 的含量可高达 30% 上。由于 CaO 是碱土金属氧化物，煤灰中一般 SiO_2 含量比较高，有足够数量的 SiO_2 和 CaO 在高温时形成复合硅酸盐，故 CaO 一般均起降低灰熔融性温度的作用。但单体 CaO 的熔点很高（达 2 590 ℃），当 CaO 含量增加到一定数量时（如达到 40%～50%，甚至更高时），这时 CaO 不仅不降低灰熔融性温度的作用，反而能使灰熔融性温度升高。在煤灰中 $CaSO_4$ 起降低灰熔融性温度的作用，但不如 CaO 的显著。

（4）氧化镁

在煤灰中 MgO 含量少，一般很少超过 4%。我国煤灰中 MgO 的含量大部分都在 3% 以下，最高也不超过 13%（极个别的样品也有可能大于 13%，但很少有大于 20% 的）。MgO 含量大于 4% 的煤灰，其软化温度又随 MgO 含量的增大而呈增高的趋势。如流动温度小于 1 200 ℃ 的煤灰，其 MgO 含量几乎都在 8% 以下。而 MgO 含量大于 8% 的煤灰，其软化温度又增高至 1 200 ℃ 以上。添加 MgO 含量的试验表明：煤灰中 MgO 含量为 13～17% 时，灰熔融性温度最低；小于或大于这个含量时，灰熔融性温度均将增高。

（5）氧化铁

在煤灰中 Fe_2O_3 的含量变化很大，一般为 5%～15%，在个别煤灰中可高达 50% 以上。在氧化或还原气氛中，Fe_2O_3 均起降低灰熔融性温度的作用。在弱还原气氛中，煤灰中 Fe_2O_3 含量小于 20% 的范围内，Fe_2O_3 含量每增加 1%，煤灰软化温度平均降低 18 ℃，煤灰流动温度平均降低 12.7 ℃。煤灰流动温度和软化温度的温差，随 Fe_2O_3 含量的增加而增大。

（6）氧化钾与氧化钠

在煤灰中 K_2O 和 Na_2O 能显著降低灰熔融性温度，在高温时易挥发。在煤灰中 Na_2O 含量每增加 1%，煤灰软化温度降低 17.7 ℃，煤灰流动温度降低 15.6 ℃。

虽然，人们对灰成分与灰熔融温度的关系做了大量的研究工作，但是，灰成分分析常在汽化和燃烧过程中出现由灰渣带来的各种问题时，不能提供合理的理论解释，有时会出现两种灰成分相近的煤在汽化炉和锅炉中行为差异极大的问题。仅知道矿物的氧化物组成和元素组成不能够充分解释和说明煤炭加热过程中灰的行为特征，因此了解煤中矿物组成和性质是非常重要的。

2.2.2 煤中矿物组成与灰熔融性的关系

矿物在汽化和燃烧过程中对炉体的腐蚀、灰渣的形成以及熔渣的排出起着重要的作用。煤灰在加热过程中的熔融和结晶行为是由煤中的矿物组成和性质来控制的。利用传统的化学分析方法不能准确地在预测高温汽化和燃烧过程中的煤灰行为。

2.2.2.1 煤灰中的矿物组成

高温煤灰中主要矿物有莫来石、石英、黏土矿物、黄长石、硅酸钙、赤铁矿和硬石膏。Vassilev[58] 在不同灰熔融性试验中，依据不同煤灰组成、煤灰熔融温度差别特征，将煤灰中的矿物分为耐熔矿物（主要为石英、偏高岭石、莫来石和金红石）和助熔矿物（主要为石膏、酸性斜长石、硅酸钙和赤铁矿）。

（1）莫来石

莫来石($Al_6Si_2O_3$)为煤灰开始冷却时直接结晶形成。莫来石主要来自煤中的高岭土、伊利石以及其他黏土矿物的分解。低钙高铝粉煤灰中含有 2%～20% 的莫来石,而高钙粉煤灰中的莫来石含量通常不超过 6%。高钙粉煤灰中莫来石含量比较低的原因主要包括[59]:① Al_2O_3 更可能以铝酸三钙和黄长石的形式结晶;② 低变质程度煤中 Al_2O_3 的含量相对比较低。

（2）石英

石英(SiO_2)主要来源于煤燃烧过程中未来得及与其他无机物化合的石英颗粒。不同种类煤的粉煤灰中的石英含量没有很大差异。

（3）磁铁矿

磁铁矿(Fe_3O_4)是以纯的 Fe_3O_4 形式存在。尖晶石铁酸盐[$(Mg,Fe)(Fe,Al)_2O_4$]、赤铁矿(Fe_2O_3)在煤灰中普遍存在。煤灰中这些含铁矿物可能来自煤中的黄铁矿。黄铁矿通常以各种粒度大小分布于煤中。在煤燃烧过程中黄铁矿的行为将在很大程度上影响晶体颗粒的形成。

（4）硬石膏

硬石膏($CaSO_4$)是煤灰中普遍存在。CaO 和炉内或烟道气中的 SO_2、O_2 反应生成 $CaSO_4$。其他硫酸盐主要为 Na_2SO_4 和 K_2SO_4。硬石膏可以与可溶性的铝酸盐反应生成钙矾石。

（5）铝酸三钙

因为铝酸三钙的 XRD 峰通常与默硅镁钙石、莫来石和赤铁矿的 XRD 峰交叠,所以很难定量确定煤灰中铝酸三钙的含量。

（6）镁类矿物

黄长石[$Ca_2(Mg,Al)(Al,Si)_2O_7$]、默硅镁钙石[$Ca_3Mg(SiO_4)_2$]、方镁矿(MgO)矿物的出现通常都与 MgO 的含量有关。在以前的研究中,忽略黄长石和默硅镁钙石的存在,是因为这两种矿物的 XRD 峰与硬石膏、铝酸三钙的 XRD 峰交叠。煤灰中有一半以上的 MgO 是以方镁石的形式存在的。

2.2.2.2 加热过程中煤中矿物的行为及其对煤灰熔融性的影响

煤灰是由各种矿物组成的混合物,在高温下熔融过程较复杂。在加热过程中,煤灰中除各种矿物组分熔融外,矿物组分之间会发生反应生成新的无机成分,各矿物组分之间还会发生低温共熔现象,从而影响煤灰的熔融特性。李帆[60]等对矿物质在燃烧过程中(氧化性气氛)的行为特征进行了研究,得出如下结论:石英为原煤中含有的矿物质,在 800 ℃ 左右其衍射强度已开始逐渐减弱,大约在 1 400 ℃ 以后,其衍射线趋于消失,这是由于石英与高岭石等其他成分在高温下发生反应,生成新的矿物质或非晶质的玻璃体物质。

高岭石是原煤中含有的黏土类矿物。高岭石在比较低的温度下发生脱水反应,转变成偏高岭石。在 800～1 000 ℃ 左右偏高岭石转变成莫来石。莫来石是黏土矿物发生高温相变的产物。莫来石熔点为 1 850 ℃。莫来石在 1 000 ℃ 左右出现。在 1 000～1 400 ℃ 间莫来石含量随温度升高而增加,并一直存在。莫来石含量越高则煤灰熔融性温度越高。

方解石($CaCO_3$)是原煤中含有的矿物,在 800 ℃ 以前已全部分解成 CaO。

黄铁矿(FeS_2)存在于原煤中,在 800 ℃ 以前已全部分解为赤铁矿(Fe_2O_3)和 SO_3。其含量对煤灰熔融特性温度影响较大。

硬石膏($CaSO_4$)是由方解石分解的 CaO 与 SO_3 气体发生反应而生成。硬石膏在 800 ℃以后逐渐减少,在 1 200 ℃后又发生分解成 CaO。

钙长石($CaO \cdot Al_2O_3 \cdot 2SiO_2$)为高温反应产物。钙长石熔点为 1 553 ℃。钙长石是由 CaO 与偏高岭石及莫来石反应而生成。钙长石在 1 200 ℃下仍然存在,在 1 400 ℃时趋于消失。

国内外专家学者对煤灰熔融性做大量研究,煤熔融性不但与煤灰化学组成有关,还与灰成分的矿物组成及形态有关[61]。研究煤灰矿物组成对煤灰熔融性的影响时,常用的方法是 X 衍射法、差热分析法、热重分析法和 Mossbauer 谱仪法,并用扫描电子显微镜或高温显微镜观察煤灰在受热过程中的行为。

川井隆夫等[62]研究了黏土矿物对灰熔融性的影响。他们选用了 21 种不同地质年代的煤,发现:年老煤中的矿物质以高岭石为主,其煤灰熔融性温度比年轻煤的高;高岭石的含量与煤灰熔融性有很好的相关性(相关系数 $r = 0.89$);硬石膏的存在会降低高岭石的熔融性温度。

Hidero Unuma[44]提出常规的酸碱指数与煤灰熔融温度并无较好的相关性,因为该指数未考虑各种成分的矿物形态,而矿物形态不同,灰熔融温度也不相同;灰熔融温度的显著差别取决于石英、高岭土和长石的含量;随高岭土含量增加,灰熔融温度逐步上升;对高岭土含量相同的煤灰,熔融温度随长石含量而降低。

Kahraman 等[63]对澳大利亚煤和一些外国煤的煤灰、灰沉积物进行了研究,通过用改良灰熔融温度测试方法和 X 射线衍射、X 射线荧光光谱测定,研究了它们的矿物行为。他们认为改良灰之所以在由相图推测出的温度下会收缩是因为液相的出现以及灰成分的影响。在所有低灰熔融点的灰中,他们发现了大量石英和高岭石,以及少量的锐钛矿、石膏、菱铁矿、伊利石、蒙脱石。他们在一些煤中发现了少量的沸石或白榴石以及痕量的黄钾铁矾或黄铁矿,但未发现磷酸盐矿物(如磷灰石)。他们在灰沉积物以及改良灰熔融物中发现了石英、多铝红柱石、方石英、赤铁矿、磁铁矿、石膏、锐钛矿和玻璃体。

Wall 等[64]比较了同一煤种的电站灰样和实验室灰样的变形温度,发现酸性氧化物含量低的实验室灰样的变形温度较低。由 XRD 和 SEM 分析可知实验室灰样比电站灰样细小且其中含有未反应的矿物(如石英、高岭石和伊利石)和无水石膏。900~1 200 ℃时实验室灰样中便有熔融相形成并且有明显的变形,这可能是伊利石的反应引起的。电站灰样不含这种矿物,其熔融温度在 1 300 ℃以上。

Tomeczek[65]在惰性和氧化性气氛下利用 TG 和 DTG 对单种矿物转化动力学进行了研究。

平户瑞穗[43]对添加助熔剂改善煤汽化灰熔融特性进行了研究,并用原始矿物组成来解释高温相变及灰渣行为特征。

Zhang[66]在滴管式反应炉中研究了添加石灰石对煤燃烧过程中的灰的影响;通过 CCSEM 分析不同温度和不同高度提取的灰渣样品,揭示了石灰石脱硫和与煤中各种矿物反应的机理。

Liu 等[67]利用 TMA 分析实验室灰、煤燃烧产生的灰以及沉积灰时发现,利用 TMA 法测量煤灰性质对含铁量较为敏感而且可以用于指示与铁有关的结渣问题。在澳大利亚用标准程序测量或用 TMA 测量的煤灰熔融温度已被广泛应用于对比和预测各种煤的结渣可能性。

美国达科他州能源与环境研究中心开发了一种煤灰行为预测方法[72]。该方法可以评价燃煤锅炉的结渣和玷污性质。研究人员将该方法用于预测威斯康星州一个 512MW 电站的切线燃烧锅炉的炉墙上的渣形和对流段的玷污情况。其预测结果与在锅炉所观察的结果一致。

澳大利亚研究人员 Patterson 等[13-17]，考查澳大利亚烟煤在 IGCC 中应用的煤质问题，讨论了煤质参数对各种 IGCC 装置操作影响，对煤的水分、灰分、灰熔融温度和煤焦反应性的重要性进行了探讨，重点研究了澳大利亚烟煤在气流床液态排渣汽化炉中灰和灰渣的性能，在灰渣流动性、黏度和助熔剂对澳大利亚烟煤灰熔融温度的影响进行大量的研究工作，提出了针对澳大利亚烟煤黏度测量方法和经验预测公式。

在国内，李帆等[68-69]采用三种煤灰混合成二种混合灰样，对混合灰样进行灰熔融温度测定和变形温度下矿物质组成的分析；其研究结果表明：① 混煤灰熔融温度与混煤比不成线性规律，而与矿物质的低温共熔有关；② 混煤灰在弱还原性气氛和变形温度下的矿物组成与 SiO_2-Al_2O_3-CaO 三元相图的矿物组成基本一致。何孝军等[70]认为煤灰的熔融性是与灰组成和矿物质分解特征有关的综合指标，不仅与含氧化物的矿物有关，还与在此温度能分解及重新组成的共熔体有关。李帆等[71]对混煤熔融温度进行测定，并利用 X 射线衍射分析对混煤煤灰矿物组成进行实验分析，其研究结果表明：① 混煤可以改变原煤的结渣程度；② 混煤灰熔融温度与混煤比不成线性关系变化，是混煤煤灰的低温共熔现象所致；③ 在变形温度下煤灰中，莫来石对煤灰熔融特性温度影响较大莫来石含量越高，灰熔融点越高。从微观矿物学角度来解释混煤煤灰熔融特性，为揭示混煤结渣机理提供了依据。

煤灰的融熔性能和黏温特性严重影响煤炭燃烧过程工业装置的运行。为解决由于煤灰熔融特性和黏温特性带来的煤灰沉积、玷污、磨蚀、腐蚀和堵塞等一系列问题，有关灰渣对燃烧过程中灰沉积、磨蚀、玷污、腐蚀影响研究较多（氧化气氛）。目前建立的灰渣性能的评价指数、灰熔融温度与灰黏度的经验关系式主要是针对煤炭高温燃烧过程的。关于还原性气氛下煤灰的化学行为研究较少。要降低汽化过程中煤灰的熔融温度，改善灰渣的黏温特性，主要可以采取三种方法：① 添加助熔剂；② 配煤技术；③ 配煤及添加助熔剂技术。

2.2.3　配煤及添加助熔剂改善煤灰熔融性的研究

李寒旭、陈方林[73]对高灰熔融性淮南煤和低灰熔融性煤进行了配煤降低灰熔融温度的研究。配煤可以显著降低高灰熔融性煤的灰熔融温度，降低或免去添加助熔剂。配合煤灰熔融温度变化并不是两种煤的灰熔融温度加和值，而是非加和性的。煤中灰成分对灰熔融温度有很大影响，配煤的灰成分具有加和性。添加适当的助熔剂是高灰熔融性煤的配煤制浆的较佳选择。

龙永华等[74]研究了神府煤的矿物质组成与煤灰熔融性的关系。他们通过配煤和添加剂的加入分别进行了提高和降低煤的灰熔融温度的研究，讨论了煤中矿物质与煤灰熔融性的影响，结合有关相图探讨了添加助熔剂及混煤后煤灰的熔融机理。

Su[75]研究了配煤灰渣熔融特征变化趋势，发现：配煤可以改善所研究的煤灰的熔融特性。Seggiani[76]对煤和生物质配合的灰熔融温度和灰临界黏度温度的经验关系进行了考查，通过回归分析建立了基于灰成分的经验关系式。

助熔剂在钢铁、陶瓷和玻璃等制造业和材料科学等研究领域都有广泛的应用。在煤炭的燃烧和汽化过程中,主要研究助熔剂对煤灰熔融特性的影响规律,以降低煤灰熔融温度。煤灰的熔融特性由煤灰中矿物组成所决定,而煤灰矿物组成与煤灰化学成分有一定关系。煤灰化学组成不同,则煤灰矿物组成不同,煤灰熔融特性也不同。因此可以采用添加煤灰助熔剂的方式来改变煤灰化学成分,达到控制煤灰熔融特性的目的。

李帆等[68]把助熔剂 CaO、Fe_2O_3 以及石灰石、硫酸渣按不同比例与煤灰混合,研究了其对重庆中梁山煤样和芙蓉矿煤样煤灰熔融温度的影响。其研究结果发现:在还原性气氛下,添加适量 CaO 和 Fe_2O_3 可使煤灰熔融温度下降。当 CaO 添加量为 $10\%\sim30\%$ 时,煤灰熔融温度达到最低,下降大约 100 ℃;当 CaO 添加率超过 40% 时,煤灰熔融温度反而急剧上升。Fe_2O_3 助熔剂可使煤灰灰熔融温度下降。当 Fe_2O_3 添加剂大于 20% 时,两种煤样的灰熔融温度都收敛于 1 160 ℃左右。石灰石、硫酸渣中起助熔作用的成分是 CaO 和 Fe_2O_3。其助熔行为与纯 CaO 和 Fe_2O_3 的基本一致。助熔剂中的 Al_2O_3 成分会阻碍助熔效果。

Hurst[13]对澳大利亚新南威尔士和昆士兰州的煤进行了研究,发现:只有极少数的煤种无须添加助熔剂就可适用于液态排渣工艺。对于大多数煤种,添加质量小于煤重 3% 的石灰石即可满足要求。但是通过与低灰熔融温度的煤掺配将是更经济的办法。铁的氧化物和工业中含铁和钙的助熔剂比石灰石的效果更好。添加过石灰石助熔剂的澳大利亚煤铁含量低,并且其灰的黏度不随煤灰成分的变化而变化。

Bryanti[77]运用热分析法(TMA)研究煤灰的熔融行为。通过热分析测定含助熔 CaO 的煤灰在加热过程中的收缩情况,并用旋转黏度计测其黏度。通过比较同一样品的黏度和热分析结果推出满足煤液态排渣汽化的黏度($15\sim25$ Pa·s)要求的煤的流动特征。为了将高灰熔融点的煤用于液态汽化,必需在其中加入助熔剂以降低灰熔融温度和灰黏度。其研究结果发现:在要求的黏度范围内煤灰收缩 $10\%\sim95\%$。因此热分析结果可以用来界定需添加助熔剂的量。

Gupta[78]研究了钾对高硅、高铝灰渣流动性能的影响,借助 TMA、SEM 考查了含钾矿物与煤灰收缩特性和熔融性能的关系。

任小荀[79-80]等对添加助熔剂来降低灰熔融温度和灰黏度方面进行了研究,用 X 射线衍射分析和扫描电子显微镜观察了煤灰熔融过程中矿物组成变化,还进行了水煤浆加压汽化中试所用煤样灰渣黏温特性的测试。

Huggins[81]根据添加助熔剂后煤灰熔融温度的变化趋势指出:对于 $Al_2O_3+SiO_2$ 含量大于 70% 的煤灰,决定其熔融温度的两个化学参数是碱性组分含量和 SiO_2/Al_2O_3。随着碱性组分含量和 SiO_2/Al_2O_3 增加,煤灰熔融温度降低。煤灰中次要的碱性组分能够增强主要碱性组分(常是 Fe_2O_3 或 CaO)的作用。在研究煤灰在高温下的行为时,灰锥最初变形并非出现在液体刚刚形成时,而是出现有大量液体形成时。由变形温度到流动温度的变化过程被认为主要是液体的黏度和流动性的变化而引起的。

李寒旭等[82]利用傅里叶变换光谱研究了添加 Fe_2O_3 助熔剂的煤灰熔融温度与化学组成、矿物组成之间的关系。其研究结果表明:煤灰熔融温度与特定吸收峰的出峰位置和透过率有关。这对于研究灰熔融行为有重要的意义。

2.2.4　煤灰熔融特性与相平衡之间的关系

根据灰成分研究煤灰熔融特性常用的相图有 $FeO\text{-}SiO_2\text{-}Al_2O_3$、$CaO\text{-}SiO_2\text{-}Al_2O_3$ 和

$K_2O\text{-}SiO_2\text{-}Al_2O_3$ 等三元相图。

Huffman 等[83]对美国 18 种煤灰在还原性气氛下的高温特性进行了研究。他们通过 $FeO\text{-}SiO_2\text{-}Al_2O_3$ 的平衡相图研究指出:整体上煤灰的矿物组成落在莫来石区域,在富铁区域首先发生熔融,液相可能是在富铁共熔区域内首先形成。

Huggins 等[81]就煤灰熔融温度对相平衡性质的依赖关系进行了研究。他们选择研究了三种美国煤灰,发现:不同组成的煤灰-添加剂(FeO、CaO、K_2CO_3)混合物在三元系统相图 $Al_2O_3\text{-}SiO_2\text{-}XO$($X=Fe$、$Ca$ 或 K_2)中的液相线温度有良好的相关性,两者呈现接近于平行的变化趋势。与液相线相比,煤灰熔融温度较低,且组成点有一定的移动,这是由于煤灰中还存在少量的其他组分。

Vincent[42]用三元相图法来预测新西兰煤灰熔融温度,建立以碱性氧化物百分数、酸性助熔氧化物百分数和酸性非助熔氧化物百分数为顶点的正三角形相图。酸性助熔氧化物是 SiO_2、TiO_2、P_2O_5 和 B_2O_3。在还原条件下,碱性氧化物为 CaO、FeO、MgO、Na_2O 和 K_2O;酸性非助熔氧化物为 Al_2O_3。在氧化条件下,碱性氧化物为 CaO、MgO、Na_2O 和 K_2O;酸性非助熔氧化物为 Al_2O_3 和 Fe_2O_3。根据煤灰在三元相图中的组成点,可以推测其熔融温度。图 2-1 为 $CaO\text{-}Al_2O_3\text{-}SiO_2$ 三元体系相图。

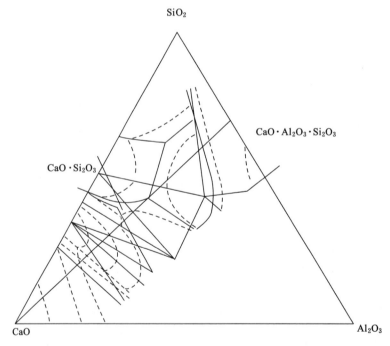

图 2-1　$SiO_2\text{-}Al_2O_3\text{-}CaO$ 的三元相图

利用相图可以预测各种矿物和添加剂对煤灰熔融性的影响。一般情况下,煤灰中的 Al_2O_3 含量高,SiO_2/Al_2O_3 比较低(即高岭石含量高),煤灰熔融温度就高。在煤灰中添加碱性矿物(如方解石、白云石、黄铁矿或菱铁矿)会使煤灰熔融温度降低。如果煤灰中某一组分(如方解石)的含量特别高,可能会产生另外的情况[40,84-86]。

从相平衡角度出发,对于低灰熔融性温度煤,在灰成分中,一般碱性氧化物的含量比较高,而硅和铝的含量比较低。对于高灰熔融性温度煤,上述特征正好相反。当高灰熔融性温度煤与低灰熔融性温度煤进行混合后,其灰成分随着发生变化,在一定程度上接近最佳相平衡配比,能够达到降低煤灰熔融性温度的目的。

通过分析可以认为,利用相图能够预测各种矿物或添加剂对煤灰熔融性的影响。通常煤灰中 Al_2O_3 含量越高,SiO_2/Al_2O_3 比越低,煤灰熔融温度就越高。在煤灰中添加碱性矿物会使煤灰熔融温度降低,但是如果煤灰中某一成分特别高,其结果可能会产生例外的情况。

2.3　煤灰熔体结构与煤灰黏温特性研究现状

在煤汽化过程中,仅根据煤灰的熔融温度来选择汽化工艺是不够的。通常用来测定煤灰熔融性的方法(如角锥法)本身存在较大误差。例如,某些煤灰可能测不到流动温度特征的温度点:有的灰锥明显缩小直至完全消失;有的灰锥缩小而实际不熔,形成一烧结块,但仍保持一定的轮廓;有的灰锥由于表面挥发而明显缩小,但却保持原来的形状;某些 SiO_2 含量高的灰锥容易产生膨胀或鼓泡等。凡此种种原因都会导致测量偏差。通过灰渣黏度的测定可以很好地评价灰渣的流动特性。对于灰熔融温度相当的煤灰,它们的黏度不一定相同,而且有可能差别很大。对液态排渣汽化炉而言,灰熔融温度满足汽化工艺的需求,但灰渣流动性较差,会使灰渣无法顺利排出,进而导致排渣口堵塞而最终影响生产正常运行。了解煤灰的黏温特性是十分必要的。

如图 2-2 所示,灰渣黏温特性分为四种类型[87],即玻璃体渣、结晶型熔渣、近玻璃体渣和塑性渣。玻璃体渣不存在真实液态区域和塑性区域的分界点。因而没有临界黏度点,随着温度的变化,此类灰渣黏度不会产生突变。汽化炉操作温度在正常操作范围内不会对灰渣的状态产生严重的影响。

刘文鹏等[88]在研究传统黏度测量方法(包括毛细管法、旋转法、振动法)的基础上,总结了高温硅酸盐熔体黏度应用新技术测量的方法(如微型测量技术、超声波技术、非接触式测量技术以及光学测量技术)。这些新技术的利用对测量高温熔体的黏度起到极大的效果。

目前灰渣黏度的测量仍然以高温旋转黏度计为主。这种方法的理论依据比较充分,能客观准确地反映出熔体的流体黏度,但这种方法成本较高,操作强度比较大,自动化程度低,而且不能真实反映出熔体真正流动态下的流动特性。最近出现了一些新的测量方法(如升球法、激光比表面积法[89-90]等),但这些方法均存在着一定的理论依据和技术缺陷,并没有得到广泛的应用。

煤灰成分对灰渣黏度的影响十分复杂。国内外学者对此做了大量的研究[17,91-94]。大部分学者认为:在灰渣中 SiO_2、Al_2O_3 增加黏度;碱金属降低黏度;铁、镁也是降低黏度的成分;钙在一定范围内变化是降低黏度的,当钙含量大于某一值后,增加钙会使黏度增加。事实上,煤灰渣的流动性不仅取决于它的化学成分,还取决于它的矿物组成。化学成分相同,但矿物组成不同的灰渣,完全可能有不同的流动性。为了综合考虑各种氧化物成分对灰渣黏度特性的影响,引入"碱酸比"概念[81],将煤灰渣中碱性氧化物的含量和酸性氧化物的含量进行比较。其公式为:

$$碱酸比 = (Fe_2O_3 + CaO + MgO + Na_2O + K_2O)/(SiO_2 + Al_2O_3 + TiO_2)$$

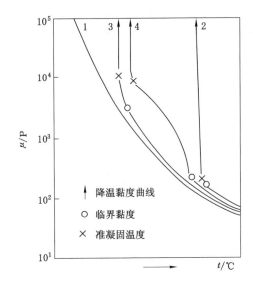

图 2-2　煤灰黏温特性的类型
1——玻璃体渣；2——结晶渣；3——近玻璃体渣；4——塑性渣

碱酸比可以用来预测煤灰渣的黏度和添加助熔剂或配煤后黏度的变化[81]。

根据我国煤种的实验结果，当(Fe_2O_3＋CaO＋MgO)＜30％，Al_2O_3＜24％时，煤灰熔体多成玻璃体渣；当(Fe_2O_3＋CaO＋MgO)＜30％，Al_2O_3＝24％～30％时，煤灰熔体多成结晶渣；当 Al_2O_3＞30％或(Fe_2O_3＋CaO＋MgO)＞30％时，煤灰熔体多成结晶渣。

李金锡、张鉴等[95]通过对 CaO-Al_2O_3-SiO_2 渣系研究发现，除 CaO・6Al_2O_3 和 3CaO・Al_2O_3 有增大黏度的作用外，增加其他结构单元 CaO・2Al_2O_3、3CaO・Al_2O_3、2CaO・Al_2O_3・SiO_2、2CaO・SiO_2、Al_2O_3、CaO、CaO・Al_2O_3、CaO・Al_2O_3・2SiO_2、CaO・SiO_2、3Al_2O_3・2SiO_2 和 12CaO・7Al_2O_3 都会使黏度降低。各结构单元的先后次序代表它们作用大小的次序。

在煤灰熔体内，由于离子间作用力的不同，通常 1 价、2 价金属阳离子(如 K^+、Na^+、Ca^{2+}、Mg^{2+}、Fe^{2+} 等)多以简单离子的形式存在。而 3 价、4 价的阳离子(如 Si^{4+}、Al^{3+})则随熔体组成和温度的不同而形成各种不同形式的阴离子团。由不同的煤灰熔体网络结构理论所解释的煤灰各种成分对网络的影响略有不同。通常认为，煤灰熔体具有[SiO_4]$^{4-}$、[AlO_4]$^{5-}$ 两种 4 面体形成的网络结构。而简单阳离子 K^+、Na^+、Ca^{2+}、Mg^{2+}、Fe^{2+} 则处于网络结构之间[96]。

在硅酸盐熔体分子网络结构中，最基本最重要的结构单元是[SiO_4]——硅氧四面体。Si—O—Si 网络在空间以不同的方式组合群聚或分散、解聚形成了变幻莫测的网络结构。

李如璧、徐培苍、孙建华[97]对硅酸盐进行构象分析研究，得出高温硅酸盐熔体分子网络构象蠕变特征是由 Si—O_{br} 桥键角蠕变以及 Si—O_{br} 桥键、Si—O_{nb} 非桥键长的蠕变情况来决定的。他们对三元系硅酸盐熔体进行高温拉曼光谱研究，发现：硅酸盐熔体分子网络的结构基元和构象在高温状态(1 000～1 700 ℃)都有一个蠕变过程，在熔点附近更有一个突变过程。对淬火玻璃相的室温拉曼光谱研究无法获得熔体熔点、分子网络构象的变化和网络分数维的变化情况，只能获得网络结构基元的组成信息。因此要对熔体的网络结构做全面研究,采用高温拉曼光谱分析技术具有重要作用。

对高温硅酸盐熔体(岩浆熔体)黏度的预测和估算一直是现今地球科学、物理学、化学、材料学和冶金学等领域的基本任务和难以捉摸的热点问题。国际上对岩浆熔体黏度与熔体温度及其组分的定量关系的研究始于 20 世纪 70 年代。众多学者提出了大量的岩浆熔体黏度的定量模式,论述了熔体组分和熔体温度对熔体黏度的影响。特别是 Vogel-Tammann-Fulcher[98] 提出的 VTF 模式对硅酸盐熔体黏度的计算具有更广泛的适用性和正确性。其公式如下:

$$\lg \eta = A_{\text{VIF}} + \frac{B_{\text{VIF}}}{T - C_{\text{VIF}}} \tag{2-2}$$

式中,η 为黏度值,Pa·s;T 表示熔体即时温度,K;参数 A_{VTF} 表示温度 $T \to \infty$ 时的 $\lg \eta$ 值(Pa·s);B_{VTF} 表示与熔体成分相关的能产生流体黏度的势垒温度,K;C_{VTF} 表示 $\eta \to \infty$ 时的温度值,K。

徐培苍、李如璧[99] 等通过对高温硅酸盐熔体在高温下的黏度与其分子网络介观构象定量描述的主要参数之一(网络分数维值)及微观单位硅氧四面体中的非桥氧数之间的关系进行理论与实验研究,以获得反映熔体成分、结构和温度与熔体黏度的定量模式,建立了估算熔体黏度的新模式(简称 FD 模式)。其公式为:

$$\lg \eta_{\text{FD}} = \frac{A \cdot r_i^{-D}}{T \cdot ([O_{\text{nb}}/T] + 1)} + B \tag{2-3}$$

式中,A 为与熔体性质、物质组分等因素有关的常数;B 为常数,表示 $T \to \infty$ 时熔体的黏度值,取 $B = 4.31$;D 为该熔体分子网络的分数维值;r_i 为硅酸盐岩浆熔体网络中硅氧四面体 $[SiO_4]$ 分布的自相似比。

Seetharaman 等[100] 提出的模型可利用熔体热力学性质预报多元熔体的黏度。由于热力学数据相对较多,使多元熔体黏度的估算及预报得以广泛应用与推广。Seetharaman 模式的计算公式为:

$$\eta = \frac{hN\rho}{M_r} \exp\left(\frac{\Delta G^*}{RT}\right) \tag{2-4}$$

$$\Delta G^* = \sum x_i \Delta G_i^* + \Delta G_{\text{mix}}^{\text{m}} + 3RT x_1 x_2 \tag{2-5}$$

通过 X 射线粉末衍射分析结果表明,当煤在 815 ± 10 ℃ 灰化后,灰中的主要矿物是 α-石英、偏高岭石、赤铁矿以及少量的氧化钙和长石。在熔融状态时,这些矿物和所有无机盐一样,具有导电性能。由于煤灰熔体具有和硅酸盐熔体相类似的特点,因此,灰渣黏度被认为由硅酸盐熔体结构决定。它们都含有大量的 SiO_2 和 Al_2O_3(以离子的形式存在),即煤灰熔体的结构是由 $[SiO_4]$、$[AlO_4]$ 形成网络。但是由于硅酸盐晶体结构中 Si-O 或 Al-O 之间的键结合力很强,在转变为熔体时难以被破坏,故熔体中的质点不可能全部以简单的离子形式存在[89]。在硅酸盐物理化学中,把能形成聚合体的离子称为网络形成剂,而把能促使聚合体解裂(即使氧桥断裂)的离子称为网络改变剂。在煤灰主要成分中,Si^{4+}、Al^{3+} 和 Fe^{3+} 为网络形成剂,K^+、Na^+、Fe^{2+}、Ca^{2+} 和 Mg^{2+} 为网络改变剂。增加网络改变剂,一般总是使灰渣黏度降低。

碱土金属离子和碱金属离子对硅酸盐熔体结构[94]有很大的影响(见图 2-3)。碱土金属离子作为网络改变剂进入硅酸盐网络中使得两 Si 原子之间距离增长;K^+、Na^+ 等碱金属离子进入硅酸盐网络使得桥氧键断裂，促进聚合体解聚。这些变化都使得灰渣黏度降低。

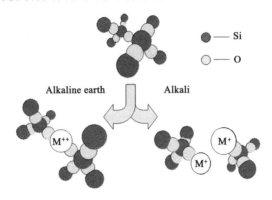

图 2-3　碱土金属离子和碱金属离子对硅酸盐网络结构影响示意图

煤灰成分对黏度特性的影响综述如下。

（1）氧化硅的影响

煤灰熔体的黏度首先决定于硅氧四面体网络的连接程度。当煤灰的 SiO_2 含量较高时，煤灰熔体中形成的网络越大，熔体流动时内部质点运动的内摩擦力亦越大。因此，SiO_2 起着增高熔体黏度的作用。

（2）氧化铝的影响

在纯刚玉结构中，Al^{3+} 的配位数为 6，即形成 $[AlO_6]^{9-}$，致使 Al_2O_3 本身不能形成网络。而当熔体中含有 SiO_2，并同时存在键强较大的氧化物（如 FeO、CaO、MgO 等）时，$[AlO_6]^{9-}$ 四面体可以转化成 $[AlO_4]^{5-}$ 四面体而进入 $[SiO_4]^{4-}$ 的网络中，使这种网络结构更加紧密。当煤灰的 Al_2O_3 含量大于 24% 时，熔体的黏度会随 Al_2O_3 增高而增高。

（3）氧化亚铁、氧化钙、氧化镁的影响

在弱还原性气氛下，煤灰熔体中 Fe_2O_3 被还原为 FeO。而熔体中 2 价阳离子（Fe^{2+}、Ca^{2+}、Mg^{2+}）将与熔体网络中未达到键饱和的 O^{2-} 相连接。随着这些碱性金属氧化物含量的增高，熔体网络中会得到更多的 O^{2-}，致使网络遭到破坏而变小，从而使熔体流动时内部质点运动的内摩擦力变小。因此在一定范围内，煤灰的 FeO、CaO、MgO 含量增高时，熔体的黏度是降低的。随着 CaO 含量增高，熔体黏度特性曲线向低熔点结晶渣转变，临界温度降低。然而实验亦表明，CaO 的添加量对于降低黏度的作用存在饱点，通常饱和 CaO 含量在 35%～45%。

（4）氧化铁的影响

在氧化性气氛中，Fe^{3+} 的影响类似于 Al_2O_3 的影响，起着煤灰熔体网络形成剂的作用，使灰渣黏度增高。

煤灰成分对黏度特性的影响可以表示为煤灰的酸性氧化物与碱性氧化物之比对黏滞活化系数的影响。当酸性氧化物与碱性氧化物的比值增大时，形成较大的网络阴离子团，使黏滞活化系数增大，从而增高了煤灰熔体的黏度。

目前国内外总结出许多关于计算煤灰黏度的经验公式，但均存在适用范围窄、准确度低的缺陷。以下是通过与大量实验数据比对，应用范围比较广阔的三个经验公式。

公式一[101]：

$$\lg \mu = 4.468([S]^2) + 1.265\left(\frac{10^4}{T}\right) - 7.44 \tag{2-6}$$

式中 μ——黏度，Pa·s；

T——温度，K；

$[S]$——二氧化硅比。

$$[S] = \frac{SiO_2}{SiO_2 + Fe_2O_3 + CaO + MgO}$$

公式二[53]：

$$\ln \mu = m 10^7/(T + 123)^2 + C \tag{2-7}$$

式中 μ——黏度，Pa·s；

T——温度，℃；

$$m = 0.008\,35[SiO_2] + 0.006\,01[Al_2O_3] - 0.109$$

$$C = 0.041\,5[SiO_2] + 0.019\,2[Al_2O_3] + 0.027\,6[mol\ Fe_2O_3] + 0.016[CaO] - 1.92$$

公式三[53]：

$$\ln \mu = \frac{10^7 B}{T^2} + A \tag{2-8}$$

式中 μ——黏度，Pa·s；

T——温度，K；

B,A——常数，分别由以下两式计算

$$B = 16.366 - 0.385\,2SiO_2 + 0.003\,62(SiO_2)^2 - 0.486\,2Al_2O_3 + 0.014\,76(Al_2O_3)^2$$

$$A = 1.251\,1SiO_2 - 0.010\,03(SiO_2)^2 + 1.363\,1Al_2O_3 - 0.040\,62(Al_2O_3)^2 - 54.327\,1$$

Paterson[102]等研究了澳大利亚烟煤对于联合汽化发电技术（IGCC）的适用性。为了降低灰渣黏度可在其中加入石灰石或铁的氧化物，或者调节 SiO_2/Al_2O_3 比使其大于 2.0。建立的澳大利亚煤灰黏度模型经验公式适用于 FeO 含量范围为 10%～15%。

Bryanti[77]运用热机理分析法（TMA）研究煤灰的熔融行为。热机理分析法测定含助熔剂 CaO 的煤灰在加热过程中的收缩情况，并用转子黏度计测其黏度。通过比较同一样品的黏度和热分析结果推出满足液态排渣汽化的黏度（15～25 Pa·s）要求的煤的流动特征。

许多学者针对行业标准中存在的问题，研究开发煤灰熔融性的间接测量方法。根据煤灰熔融性特征温度及其化学组分间的关系，建立了不少经验公式。

刘天新[38]主要考虑煤灰组成的影响，直接回归煤灰熔融温度的流动温度与灰分 SiO_2、Al_2O_3、Fe_2O_3、CaO、MgO、K_2O、Na_2O 含量的关系，或结合煤灰组成根据其提供的双温度坐标图解，定量算出 ST、FT。熔体的黏度特性曲线取决于熔体的结构特性。温度于黏度的影响关系式为：

$$\lg(\eta/\eta_0) = E_a/(2.303RT) \tag{2-9}$$

式中 T——热力学温度，K；

η——黏度，Pa·s；

E_a——黏滞活化能，J/mol；

R——气体常数，J/(mol·K)。

熊学辉、孙学信[96]借用国外灰熔体临界温度的经验关系式为：

$$\{T_{cv}\} = 3\,263 - 1\,470 \times (w_{SiO_2}/w_{Al_2O_3}) + 360(w_{SiO_2}/w_{Al_2O_3})^2 -$$
$$14.7(w_{Fe_2O_3} + w_{CaO} + w_{MgO}) + 0.15(w_{Fe_2O_3} + w_{CaO} + w_{MgO})^2 \quad (2\text{-}10)$$

并依据灰的化学成分,通过计算灰熔体的结构参数 P/M 来表征,得出回归关系式为:

$$\{E_a\} = -23.853 + 55.158\,\lg(P/M) \quad (2\text{-}11)$$

由上面三个公式可以预测高温灰渣的黏温特性。

王习东[103]等结合 Seetharaman 的黏度模型及周国治的热力学模型推导了新的黏度预报模型的估算公式,即

$$\eta = \frac{hN\rho}{M_r}\exp\Big[(\sum_{i=1}^{3}x_i\Delta G_i^* + RT\sum_{i=1}^{3}x_i\ln(x_i) + \sum_{\substack{i,j=1\\j\neq i}}^{3}W_{ij}\Delta G_{ij}^E + 3RT\sum_{\substack{i,j=1\\j\neq i}}^{3}x_iy_j)/RT\Big]$$

$$(2\text{-}12)$$

该模型可由纯组元的黏度及二元系的热力学模型数据预报三元系的黏度。

许世森、王保民[104]等在研究 Browning、Bryant 等的基础上提出:当煤灰黏度 $\eta < 150$ Pa·s 时,$\lg(\eta/(T-T_s))$ 和 $1/(T-T_s)$ 存在线性关系。同时,他们推导出 $\log(\eta/(T-T_s))$ 和 $1/(T-T_s)$ 存在线性关系时,T_s 为灰渣的凝固温度。他们利用多元线形回归,综合考虑 SiO_2、Al_2O_3、Fe_2O_3、CaO、Na_2O 等组分的影响,得到了预测灰渣黏度的经验公式;并用 3 个煤种对预测模型进行了检验,其检验结果显示预测的灰渣黏度与试验值吻合较好。

熊友辉[96]从影响结渣物化特性的灰熔体入手,针对不同的化学组成以及不同离子在熔体结构中的作用,提出并分析了灰熔体的结构模型以及灰熔体特性指标(P/M),研究了 P/M 与灰渣熔体黏温特性的关系,在此基础之上,提出了基于熔体结构的高温灰渣黏度模型。他指出煤灰熔融体的组成、结构特性决定了煤灰结渣的可能性,并直接影响到整个积灰结渣的速度和强度。

煤灰融体结构决定了熔渣的化学性质,对熔渣黏度有着直接的影响。因此对煤灰的熔渣熔体结构进行研究显得尤为重要。煤中矿物质以黏土矿物中硅酸盐和铝硅酸盐为主。因此,煤灰的熔体主要成分也应为硅酸盐/铝硅酸盐[53]。

王永强[105]等介绍了硅酸盐熔体结构的三种研究方法和途径,从硅酸盐熔体的分子聚合结构单元测试、阳离子和挥发分的作用、物理化学性能测试和量子化学研究等五个方面,阐明了硅酸盐熔体结构的主要成就,指出国际在对硅酸盐熔体结构的认识正处在丰富和发展阶段,而我国在硅酸盐熔体的结构研究才刚刚起步。因此,如果能将熔体结构的研究应用于煤灰熔体,必将对煤灰熔融机理和煤灰熔体结构组成的认识水平产生质的飞跃。

国内外专家学者在煤灰熔融特性方面做了大量的研究,也取得了很多成果。但是由于煤灰的复杂性和受测试手段的制约,目前的研究工作以煤灰化学组成和煤灰熔融性关系的研究为主,还没有能真正阐述清楚煤灰成分、矿物成分与煤灰熔融温度和煤灰黏度存在关系的内在机理。有关煤中无机物相互作用规律、熔体结构方面的研究才刚刚起步,很有必要在这些方面进行深入的研究。

2.4 FactSage 热力学计算软件在煤灰熔融性方面的应用

传统的用于表征高温煤灰行为方法正在遇到各种各样的问题,已经不能准确地预测汽

化和燃烧过程中的煤灰和熔渣的性质。随着有关氧化物系统黏度模型和化学热力学方面的提高,计算方法、计算机软件和硬件的进步,热力学软件能够准确预测复杂多相煤灰熔渣系统的相平衡条件[45,106]。近来,不少学者利用计算机热力学模型进行了煤灰熔融温度的研究[107-109]。2001 年,FactSage 热力学软件[110]才开始出现并开始应用。该软件融合了FACT-Win/F＊A＊C＊T 和 ChemSage/SOLGASMIX(28 年前开发的)热力学软件包。FactSage 软件包含了一系列的信息模块、数据库模块、计算模块和处理模块。该软件拥有极其强大的功能。该软件对冶金学家、化学工程师、无机化学家、地球化学家、电化学家、环境学家等极其重要。利用该软件可以进行广泛范围的热力学计算。该软件还可以提供所形成相的信息、比例和组成,各种单个化学成分的变化和所有组成在压力和温度下的热力学性质。

由于煤种的选择对于汽化有非常重要的影响,世界各国的研究者已经把 FactSage 软件用于气流床汽化煤的选择和评价、高炉炼铁等领域。FactSage 软件最重要的特性之一是能够评价多组分溶液并得到以温度和组成为函数的热力学性质。FactSage 包含有氧化物/玻璃溶液数据库、陶瓷溶液数据库、固体和液体盐数据库、冶金合金溶液数据库和水溶液数据库等。每一个数据库都是应用适当的溶液模型对所有数据进行评价和优化而得到的。

J. C. Van[111]研究了煤汽化过程中矿物质的转化行为。他利用 FactSage 热力学模型分析研究的结果显示:在(Si＋Al)与 Ca 摩尔质量比大于 2.75 时,硬石膏大量形成,且其量达到最大值,并一直保持这个水平。随着 Ca 含量的进一步增加,煤灰熔融温度开始升高。

J. C. Van Dyk[112]等应用利用 FactSage 模型进行黏度测定。传统的煤灰熔融温度的测定要考虑矿物相的大量煤灰组成,对液态渣和结晶相组成不加区分,所以只能提供足以使灰锥发生变形的大量物质开始结渣时的温度信息,不能提供特定温度点以下的结渣特性信息。联合 FactSage 模型预测黏度的应用可以使我们更好地理解特定温度下的结渣和灰特性。

澳大利亚科学家 Alex Kondratiev 和 Evgueni Jak[86]建立了 Al_2O_3-CaO-FeO-SiO_2 黏度模型系统来预测煤灰的熔融态流动特性、渣的黏度,用 FACT 系统和模型来预测固态和液态的比例,建立了 Roscoe 方程来评价固体悬浮对部分结晶熔渣黏度的影响。该模型在多组分和较宽温度范围内,描述的液-液和固-液混合物的特性数据与实验数据相关性很好,可用来在工业熔渣系统中预测煤灰的黏度。

2.5　安徽省煤炭资源情况和淮南煤的研究现状

安徽省在华东地区是煤炭资源最富有的省,具有明显的资源优势和位置优势。目前,安徽省的煤炭工业已初步形成了以煤为本,多种经营并举,煤、电、气、建材、化工综合发展的煤炭产业格局。安徽省煤炭资源已探明保有储量为 284 亿吨,分布在全省 12 个市 44 个县区。煤炭资源主要集中在淮南煤田 1 790 123 万吨和淮北煤田 1 148 907 万吨[113]。在已探明的煤炭保有储量中,气煤、焦煤、1/3 焦煤、肥煤占 91.3%,非炼焦煤占 8.7%。

淮南煤田[114]位于安徽省中北部,淮河中游两岸。淮南煤田煤炭资源丰富,是华东地区重要的煤炭生产基地和炼焦煤产地。矿区长约 140 km,宽 20～30 km,面积 3 200 km²。煤系与煤层属华北型石炭、二叠纪煤系,含煤地层厚约 1 200 m,从下往上由浅海相、滨岸及三角洲过渡相至陆相的沉积组合序列。地层层序完整,厚度稳定,主要由砂岩、粉砂岩、泥岩和铝土质泥岩及煤层组成。主要含煤地层为山西组和下、上石盒子组,其厚度约为 850 m。主要可采煤层为 11～19 层,从下至上依次为 1、3、4-1、4-2、5-2、6-1、7-1、8、11-2、13-1 等煤层。可采煤层总厚 23～36 m。其中 13-1、11-2、8、1 号煤层为全区可采煤层。

黄文辉[115]等采用仪器中子活化分析法 INAA(instrumental neutron activation analysis) 测试了淮南煤田二叠纪主采煤层原煤煤样的地球化学组成,用 X-射线荧光光谱 XRFS (X-ray fluorescence spectrometry)测试了田家庵和洛河电厂的粉煤灰地球化学组成并与煤样做了对比分析。他得出以下初步认识:① 煤中微量元素分为两组:一组属陆源碎屑元素组,另一组元素主要受盆地性质和成煤沼泽介质环境和成岩作用控制。② 淮南煤的煤灰成分指数偏低,属酸性弱还原型,在下部山西组层位中灰成分指数增加。硫分一般不超过 1%。总体上煤层形成期间海水的影响并不明显,煤中微量元素主要受陆源碎屑控制。③ 电厂粉煤灰中大部分元素相比煤样的均有不同程度的富集,陆源碎屑元素组元素的富集程度更高。④ 飞灰颗粒主要来自煤中矿物的高温转化,主要由富 Si 和 Al 氧化物的玻璃珠和矿物、富含 Fe 质氧化物的矿物以及吸附有 Cl、S 和 As 等元素的残碳所组成。

翁善勇等[116]利用沉降炉和热分析方法对淮南矿业集团代表性煤样进行了着火、燃尽、结渣、排放特性研究,并分别在 300 MW 和 600 MW 机组锅炉进行了煤种适应性试验。其试验结果表明,淮南煤具有容易着火、燃尽、不易结渣、极低 SO_2 和低 NO_x 排放的特性,非常适合大型乏气送粉燃煤锅炉的燃用。对于东部地区电厂而言,淮南煤是一种低煤价、低排放、高经济性和安全性的煤种。

童柳华、严家平、唐修义[117]初步研究了淮南煤田微量元素含量分布变化规律,探讨了煤中微量元素的富集原因,为今后淮南煤的综合开发和利用提供了参考资料。赵志根[118]等采用 INAA 测试了淮南矿区 13 个煤层煤样的稀土元素含量,研究了稀土元素地球化学特征,得出以下认识:① 各煤层样品的稀土元素含量、分布模式变化都很大;② 煤中稀土元素主要来源于陆源碎屑,来源于海水和植物的不多;③ 稀土元素在黏土矿物中含量高,主要以高岭石的形式赋存。

梁鹏等[119]利用自制处理量为 1 kg 煤的间歇式固体热载体热解装置,以淮南烟煤为原料,以石英砂做热载体,对该煤进行热解特性评价实验。他们考察了热载体初始温度 700～900 ℃、反应时间 4～16 min、煤粒径及热载体与煤的质量比 5～9 对热解产物产率和性质的影响。他们的研究结果表明:提高热载体初始温度,气、液产率增加;延长反应时间和提高热载体比例,气体产率有所增加;热载体初始温度对热解气组成影响显著;提高热载体与煤的质量比和热载体初始温度,可以抑制半焦对热解反应器内壁的黏附。

安徽省煤化工基地的建设核心是煤炭汽化技术,其是实现“以煤代油”的龙头技术。建立煤化工基地建设瓶颈问题是如何充分利用两淮地区的煤炭资源优势。淮化集团 Texaco 汽化采用液态排渣技术,要求原料煤的灰熔融温度很低。正在建设的淮化集团老系统改造项目和开工在即的 170 万吨甲醇项目,直接面临原料紧张及选择何种汽化工艺和使用何种原料煤的问题。鉴于目前在世界范围内还没有完全成熟的高灰熔融温度煤汽化技术,煤化工基地建设基础是立足安徽当地煤炭资源,但有关淮南煤汽化、液化等方面的基础研究比较薄弱。为了合理、有效和经济地利用淮南煤,减少利用淮南煤的盲目性,必须在汽化条件下,深入细致地研究淮南煤的灰分、灰成分、矿物组成、灰熔融温度、黏温特性、流动性等煤灰行为特征和煤种汽化适用性问题。

主要研究内容如下:

(1) 对淮南煤田不同矿区的煤样以及低灰熔融温度煤种进行工业分析、元素分析、灰成分和灰熔融温度分析,利用 XRD、CCSEM 考查各种煤中矿物组成、粒度分布和高温矿物转变规律。

(2) 在弱还原性气氛下,开展煤灰熔融温度、灰渣流动特性的研究,找出煤灰成分、矿物组成与煤灰熔融温度和煤灰黏度的关系,对部分较低煤灰熔融温度的煤进行煤灰黏度测试。

(3) 根据所选淮南煤进行添加助熔剂和配煤降低煤灰熔融温度、改善黏温特性的研究。

(4) 利用 FTIR、XRD、CCSEM 等现代仪器分析技术对煤灰熔融过程中的矿物相变进行分析,研究煤灰熔融机理。

(5) 利用 FactSage 热力学软件预测在还原性气氛下高温煤灰行为特征和煤灰熔融温度。

参 考 文 献

[1] 于广锁.气流床煤汽化的技术现状和发展趋势[J].世界科学,2005(1):33-34.

[2] 夏鲲鹏,陈汉平,王贤华,等.气流床煤汽化技术的现状及发展[J].煤炭转化,2005(4):69-73.

[3] Stewart J C, Gary J S, Wimer J G. Gasification marketsand technologies-present and future[R/OL]. US Department of Energy Report,2002. http://www.netl. doe.gov/coalpower /gasification/pubs/pdf/Gasification-Technologies.pdf.

[4] Neville A H, Holt-EPRI. Coal gasification research, development and demonstration needs and opportunities[C/OL]. Presented at the Gasification Technologies Conference,San Francisco, 2001. http://www.gasification.org/Docs/Conferences/2001/GTC01052.pdf.

[5] Sadao W, Eiki S. Operational experience at the 150t/d EAGLE gasification pilot plant[C/OL]. Presented at the Gasification Technologies Conference,San Francisco,2003. http://w ww.gasification.org.

[6] 韩启元,许世森.大规模煤汽化技术的开发与进展[J].热力发电,2008,37(1):4-9.

[7] 吴枫,阎承信.关于 Shell 汽化法原料用煤的探讨[J].大氮肥,2002,25(5):313-317.

[8] 李志远,张大晶,宋甜甜.壳牌煤粉加压汽化技术[J].燃料与化工,2003,22(9):998-1000.

[9] Zuideveld P, Graaf J. Overview of Shell global solutions' world wide gasification developments[C/OL]. Gasification Technologies Conference, San Francisco, California, USA, October12-15, 2003. http://www.gasification.org/Docs/Conferences/2003/02ZUID.pdf.

[10] 郑振安.煤种特性对壳牌煤汽化装置设计和操作的影响[J].化肥设计,2003,41(6):15-19.

[11] 汤中文.干法粉煤汽化技术进展及工艺影响因素[J].大氮肥,2003,26(3):

149-152.

[12] Kanaar M. Operation and Performance Update-Nu on Power Buggenum IGCC [C/OL]. 2002 Gasification Technology Conference. San Francisco, California, USA. Oct28, 2002. http://www. clean－energy. us/document. asp? document ＝177.

[13] Hurst H J, Elliott L, Patterson J H. Evaluation of the slagging characteristics of Australian bituminous coals for use in slagging gasifiers[C/OL]. Proc. Pittsburgh Coal Conference, Pittsburgh, September1998, PaperNo. 10-5.

[14] Patterson J H, Harris D J. Coal quality issues for Australian bituminous coals in IGCC technologies[C/OL]. Proc. Pittsburgh Coal Conference, Pittsburgh, September1998, PaperNo. 10-4.

[15] Patterson J H , Hurst H J. Ash and slag qualities of Australian bituminous coals for use in slagging gasifiers[J]. Fuel, 2000, 79(13):1671-1678.

[16] Patterson J H, Hurst H J, Quintanar A, et al. Evaluation of the slag flow characteristics of Australian bituminous coals in slagging gasifiers[R]. Final Report, ACARP ProjectC705-2, August 2000.

[17] Hurst H J, Novak F, Patterson J H. Viscosity measurements and empirical predictions for fluxed Australian bituminous coal ashes[J]. Fuel, 1999, 78(15), 1831-1840.

[18] 徐京磐,鲍礼堂.流化床和气流床汽化技术综述(下)[J].小氮肥设计技术,2002, 23(2):11.

[19] 李仲来.煤汽化技术综述[J].小氮肥设计技术,2002,23(3):7-17.

[20] 黄戒介,房倚天,王洋. 现代煤汽化技术的开发与进展[J].燃料化学学报,2002,30 (5):385-391.

[21] 高聚中,韩伯奇.水煤浆加压汽化煤种评价模型[J].煤化工,1998(2):17-23.

[22] 许波.德士古汽化装置运行问题探讨[J].煤化工,1999(4):52-56.

[23] 张继臻,种学峰.煤质对 Texaco 汽化装置的影响及其选择[J].化肥工业,2002,29 (3-4):16-20.

[24] 王旭宾.德士古煤汽化装置运行状况及问题的探讨[J].煤气与热力,1997,17(6): 6-9.

[25] 陈政.淮南煤用于德士古水煤浆加压汽化技术研究[J].安徽化工,2006(3): 31-33.

[26] 李寒旭,陈方林.提高低变质程度煤成浆性能的研究[J].煤炭科学技术,2002,30 (4):1-5.

[27] 姚多喜,支霞臣,郑宝山.煤中矿物质在燃烧过程中的演化特征[J].矿业安全与环保,2002,29(3):4-6.

[28] Raask E. Mineral Impurities in Coal Combustion[M]. Hemisphere, Washington, 1984, 9-22.

[29] Wells J J, Wigley F, Foster D J. The nature of mineral matter in a coal and the

effect sonerosive and abrasive behaviour[J]. Fuel Processing Technology,2005, 86(5):535-550.

[30] Stella K, Bruce L,Chadwick. Screening of potential minera additives for use as fouling prev-entatives in Victorian brown coal combustion[J]. Fuel, 1999, 78 (7):845-855.

[31] Yan L, Gupta R P, Wall T F. A mathematical model of ash formation during pulverized coal combustion[J]. Fuel,2002, 81(3):337-344.

[32] RyoYoshiie, Makoto Nishimura, Hiroshi Moritomi. Influence of ash composition on heavy metal emissions in ash melting process[J]. Fuel,2002,81(10): 1335-1340.

[33] 王泉清,曾蒲君.高岭石对神木煤灰熔融性的影响[J].煤化工,1997(3):40-45.

[34] 李宝霞,张济宇.煤灰渣熔融特性的研究进展[J].现代化工,2005,25(5):22-28.

[35] Ninomiya Y, Sato A. Ash melting behavior under coal gasification conditions [J]. Energy Convers. Magmt, 1997,38:1405-1412.

[36] 康虹,吴国光,李建亮.煤灰熔融性的研究进展[J].能源技术与管理,2008(2): 75-77.

[37] Reiter F M. How Sulfur Content of Coal Relates to Ash Fusion Characteristics [J]. Power Eng,1955,59(5):98-100.

[38] 刘天新,张敬运,张自劢.煤炭检测新方法与动力配煤[M].北京:中国物资出版 社,1992:78-79.

[39] 姚星一,王文森.灰熔融温度计算公式的研究[J].燃料学报,1959,4(3):216.

[40] Winegartner E C, Rhoides B T. An empirical study of the relation of chemical properties to ash fusion temperatures[J]. Trans ASMEJ Eng Power,1975,97 (3):395.

[41] Sondreal E A, Ellman R C. Laboratory determination of factors affecting storage of North Dakota lignite[R]. US Bureau of Mines Report GFERC/R1-75- 1,1975.

[42] Vincent R G. Prediction of ash fusion temperature from ash composition for some New Zealand coals[J]. Fuel,1987,66(9):1230-1239.

[43] 平户瑞穗,二宫善彦.助熔剂对煤灰熔融行为的影响[J].燃料协会志,1988,68 (5):393.

[44] Unuma H, Takeda Sh, Tsurue T, et al. Studies of the fusibility of coal ash[J]. Fuel,1986,65(11):1505-1510.

[45] Yin Chungen, Luo Zhongyang, Ni Mingjiang, et al. Predicting coal ash fusion temperature with a back-propagation neural network model[J]. Fuel,1998,77 (15):1777-1782.

[46] Liu Y P, Wu M G, Qian J X. Predicting coal ash fusion temperature based on its chemical composition using ACO-BP neural network[J]. Thermochimica Acta,2007,454:64-68.

[47] Gülhan Özbayoǧlu, M Evren Özbayoǧlu. A new approach for the prediction of ash fusion temperatures: A case study using Turkish lignites[J]. Fuel, 2006, 85 (4):545-552.

[48] 张德祥,龙永华,高晋生,等. 煤灰中矿物的化学组成与灰熔融性的关系[J]. 华东理工大学学报,2003,29(6):590-594.

[49] Sadriye Küçükbayrak, Ayseg ül Ersoy-Herigboyu, Hanzade Haykin-Açma, et al. Investigation of the relation between chemical composition and ash fusion temperatures for some Turkish lignites[J]. Fuel Science and Technology International,1993,11(9):1231-1249.

[50] 王泉清,曾蒲君.煤灰熔融性的研究现状与分析[J].煤炭转化,1997,20(2):33.

[51] 刘新兵,陈莞.煤灰熔融性研究[J].煤化工,1995,23(2):48-52.

[52] 武瑞叶.神东矿区煤灰成分和煤灰熔融性变化规律浅析[J].陕西煤炭,2003(4):36-38.

[53] 孙亦碌.煤中矿物杂质对锅炉的危害[M].北京:水利电力出版社,1994:123-126.

[54] 杨建国.影响测定煤灰熔融性主要因素[J].中国煤炭工业,2007:42.

[55] 焦发存.配煤对煤灰熔融特性和灰渣黏度影响的实验研究[D].淮南:安徽理工大学,2006.

[56] 郝丽芬,李东雄,靳智平.灰成分与灰熔融性关系的研究[J].电力学报,2006,21(3):294-297.

[57] Goni Ch, Helle S, Garcia X, et al. Coal blend combustion fusibility ranking from mineral matter composition[J]. Fuel, 2003,82(15-17):2087-2095.

[58] Vassilev S V, Kitano K, Takeda S. Influence of mineral and chemical composition of coal ashes on their fusibility[J]. Fuel Processing Technology,1995,4(5):27.

[59] 钱觉时,吴传明,王智.粉煤灰的矿物组成(上)[J].粉煤灰综合利用,2001(1):26-31.

[60] 李帆,邱建荣,郑瑛.煤燃烧过程矿物行为研究[J].工程热物理学报,1999,20(2):259.

[61] 康虹,吴国光,李建亮.煤灰熔融性的研究进展[J].能源技术与管理,2008(2):75-77.

[62] 川井隆夫,柴田次进[J].水翟会志,1985,30(5):325.

[63] Kahraman H, Reifenstein A, ACIRL, et al. Mineralogical changes in selected Australian and overseas coals in boiler simulation test and improved ash fusion test[R]. 18th Annual International Pittsburgh Coal Conference, 2001,70(6):746-762.

[64] Wall T F. False deformation temperature for ash fusibility associated with the conditions for ash preparation[J]. Fuel, 1999,78(9):1057-1063.

[65] Tomeczek J, Palugniok H. Kinetics of mineral matter transformation during coal combustion[J]. Fuel, 2002,81(10):1251-1258.

[66] Zhang L，Sato A，Ninomiya Y. CCSEM analysis of ash from combustion of coal added with limestone[J]. Fuel,2002,81(11-12):1499-1508.

[67] Liu Y H，Gupta R，Elliott L，et al. Thermomechanical analysis of laboratory ash，combustion ash and deposits from coal combustion[J]. Fuel Processing Technology,2007,88 (11-12):1099-1107.

[68] 李帆,邱建荣,柳朝晖,等.煤灰助熔剂对灰熔融温度影响的研究[J]. 武汉城市建设学院学报,1997,14(1):23-27.

[69] 李帆,邱建荣,柳朝晖,等.混煤煤灰中矿物质行为对煤灰熔融特性的影响[J].华中理工大学学报,1997,25(9):41-43.

[70] 何孝军,郑明东.煤灰熔融性的测定评述[J]. 华东冶金学院学报,1997,17(4):212-215.

[71] 李帆,邱建荣.混煤煤灰熔融特性及矿物质形态的研究[J].工程热物理学报,1988,19(1):112-116.

[72] Ma Zh H，Iman F，Lu P. A comprehensive slagging and fouling prediction tool for coal-fired boilers and its validation/application[J]. Fuel Processing Technology,2007,88(11-12):1035-1043.

[73] 李寒旭,陈方林. 配煤降低高灰熔融性淮南煤灰熔融温度的研究[J]. 煤炭学报,2002,27(5):529-533.

[74] 龙永华,高晋生.提高煤灰熔融温度及其机理的研究[J].工业锅炉,2004(4):12-16.

[75] Su S. Slagging propensities of blended coals[J]. Fuel,2001,80(9):1351-1360.

[76] Seggiani M. Empirical correlations of the ash fusion temperatures and temperature of critical viscosity for coal and biomass ashes[J]. Fuel,1999,78(9):1121-1125.

[77] Bryant G W. The Use of Thermo－mechanical Analysis To Quantify the Flux Additions Necessary for Slag Flow in Slagging Gasifiers Fired with Coal[J]. Energy and Fuels,1998,12(2):257-261.

[78] Gupta S K. The effect of potassium on the fusibility of coal ashes with high silica and alumina levels[J]. Fuel,1998,77(11):1195-1201.

[79] 任小苟,段盼盼,佟桂林. 添加助熔剂降低煤灰熔融温度及灰黏度的研究[J]. 煤化工,1991,(2):31-39.

[80] 段盼盼,任小苟. 钙系助熔剂对煤灰熔融特性影响的研究[J].煤气与热力,1987,(4):3-9.

[81] Huggins F E，Kosmack D A. ，Huffman G P，et al. Correlation between ash-fusion temperatures and ternary equilibrium phase diagrams[J]. Fuel,1981,60(7):577-584.

[82] Han-xu LI，Xiao-sheng QIU，Yong-xin TANG. . Ash melting behavior by Fourier transform infrared spectroscopy[J]. Journal of China University of Mining and Technology,2008, 18(2):245-249.

［83］Huffman G P，Huggins F E，Dunmyrc G R. Investigation of the high temperature behavior of coal ash in reducing and oxidizing atmospheres［J］. Fuel，1981，60(7)：585-597.

［84］李帆，邱建荣，郑楚光. 煤中矿物质对煤灰熔融温度影响的三元相图分析［J］. 华中理工大学学报，1996，24(10)：96-99.

［85］Gupta S K，Wall T F，Creelman R A，et al. Ash fusion temperature and transformations of ash particles to slag［J］. ACS Division of Fuel Chemistry Preprints，1996，41(2)：647-651.

［86］Evgueni J，Sergei D，Peterc H. Thermodynamic modeling of the system Al_2O_3-SiO_2-CaO-FeO-Fe_2O_3 to predict the flux requirements for coal ash slags［J］. Fuel，1998，77(2)：77-84.

［87］岑可法，樊建人，池作和，等. 锅炉和热交换器的积灰、结渣、磨损和腐蚀的防止原理与计算［M］. 科学出版社，1994：51.

［88］刘文鹏，张庆礼，殷绍唐，等. 粘度测量方法进展［J］. 人工晶体学报，2007，36(2)：381-385.

［89］陈惠钊，吕仲芝. 升球法高温粘度测量影响因素的研究［J］. 分析仪器，1997(1)：48-51.

［90］陈惠钊. 黏度测量［M］. 北京：中国计量出版社，1994.

［91］Hurst H J，Novak F，Patterson J H. Viscosity measurements and empirical predictions for some model gasifier slags［J］. Fuel，1999，78(4)：439-444.

［92］Kondratiev A，Jak E. Predicting coal ash slag flow characteristics（viscosity model for the Al_2O_3-CaO — 'FeO' — SiO_2 system）［J］. Fuel，2001，80(14)：1989-2000.

［93］Oh M S，Brooker D D，Depaze F，et al. Effect of crystalline phase formation on coal slag viscosity［J］. Fuel processing technology，1995，44(1-3)：191-199.

［94］Vargas S，Frandsen F J，Dam-Johansen K. Rheological properties of high-temperature melt of coal ashes and other silicates［R］. Progress in energy and combustion science，2001，27：237-429.

［95］李金锡，张鉴，Georges Urbain. MnO-SiO_2，MgO-SiO_2 和 CaO-Al_2O_3-SiO_2 熔渣粘度的计算模型［J］. 北京科技大学学报，1999，21(3)：237-240.

［96］熊友辉，孙学信. 基于熔体结构的高温灰渣粘度模型［J］. 华中理工大学学报，1998，26(10)：79-81.

［97］李如璧，徐培苍，孙建华. 三元系硅酸盐熔体分子网络构象的高温拉曼光谱研究［J］. 常州技术师范学院学报，2002，8(2)：1-6.

［98］Giordano D，Dingwell D B，Romano C. Viscosity of a teide phonolite in the welding interval［J］. J Volcanol Geotherm Res，2000，103(1-4)：239-245.

［99］徐培苍，李如璧，尤静林. 高温硅酸盐熔体粘度与网络分数维值的相关性研究［J］. 地球化学，2005，34(3)：291-296.

［100］Seetharaman L，Du S C. Estimation of viscosities of binary metallic melts using Gibbs energy of mixing[J]. Metall Mater Trans,1994,25:589.

[101] 陈鹏. 中国煤炭性质、分类和利用[M]. 北京:化学工业出版社,2001,10: 166-173.

[102] Patterson J H, Hurst H J, Quintanar A. et al. The slag flow characteristics of Australian bituminous coals in entrained—flow slaging gasifiers[J]. 18th Annual International Pittsburgh Coal Conference(Pittsburgh),2001:1686-1708.

[103] 王习东,包宏,李文超. 一种新的多元金属熔体粘度预报模型[J]. 金属学报, 2001,37(1):52-56.

[104] 许世森,王保民,李广宇,等. 一种预测煤灰粘温特性的数学模型[J]. 热力发电, 2007(7):5-8.

[105] 王永强,张招崇,徐培苍,等. 硅酸盐熔体结构的研究进展和问题[J]. 地球科学 进展,1999,14(2):168-171.

[106] Yan L, Gupta R P, Wall T F. The implication of mineral coal essence behavior on ash formation and ash deposition during pulverized coal combustion[J]. Fuel,2001,80(9):1333-1340.

[107] Rhinehart R R, Attar A A. Ash fusion temperature:a thermo dynamically-based model [J]. Am. Soc. Mech. Eng, Petroleum Division,1987,8:97-101.

[108] Qiu J R, Li F, Zheng Ch G. Mineral transformation during combustion of coal blends[J]. Int. J. EnergyRes,1999,23:453-463.

[109] Jak E, Degterov S, Zhao B, et al. Coupled experimental and thermodynamic modeling studies for metallurgical melting and coal combustion systems [J]. Metallurgical And Materials Transactions B,2000,31(4):621-630.

[110] Bale C W, Chartrand P, Degterov S A. FactSage thermochemical software and databases [J]. Calphad,2002,26:189-228.

[111] Vandyk J C, Waanders F B, Hack K. Behaviour of calcium-containing minerals in the mechanism towards in situ CO_2 capture during gasification[J]. Fuel, 2008,87(12):2388-2393.

[112] Vandyk J C, Waanders F B, Benson S A, et al. Viscosity predictions of the slag composition of gasified coal, utilizing FactSage equilibrium modelling[J]. Fuel,2009,88(1):67-74.

[113] 刘怀雪,谢礼国. 安徽省煤炭资源[J]. 安徽地质,2002,12(2):120-123.

[114] 章云根. 淮南煤田构造煤发育特征分析[J]. 能源技术与管理,2005(3):5-7.

[115] 黄文辉,杨起,彭苏萍,等. 淮南二叠纪煤及其燃烧产物地球化学特征[J]. 地球科 学—中国地质大学学报,2001,26(5):501-507.

[116] 翁善勇,杨建国,曹之传,等. 淮南煤的燃烧特性及其在电站锅炉应用前景研究 [J]. 热力发电,2006(02):21-23.

[117] 童柳华,严家平,唐修义. 淮南煤中微量元素及分布特征[J]. 矿业安全与环保, 2004,31:94-96.

[118] 赵志根,唐修义,李宝芳. 淮南矿区煤的稀土元素地球化[J]. 沉积学报,2000,18

(3):453-458.

[119] 梁鹏,王志锋,董众兵,等.固体热载体热解淮南煤实验研究[J].燃料化学学报,
2005,33(3):257-262.

符 号 索 引

AR——收到基,%

MF——空气干燥基,%

HHV-MF——空气干燥基高位发热量,MJ/Kg

LHV-AR——收到基低位发热量,MJ/Kg

IGCC——整体煤汽化循环联合

FT——流动温度,℃

ST——软化温度,℃

DT——变形温度,℃

ρ——相关系数

ACO-BP——Ant Colony Optimizationback-propagation,蚁群优化算法

r——相关系数

XRD——X射线衍射光谱

SEM——扫描电子显微镜

TG——热重

DTG——热重分析中的待测物质重量值

CCSEM——计算机控制扫描电镜

TMA——热机械分析仪

O_{br}——桥氧

O_{nb}——非桥氧

η——为黏度值,Pa·s

T——即时温度,K

A_{VTF}——温度 $T \to \infty$ 时的 $\lg \eta$ 值(Pa·s)参数

B_{VTF}——与熔体成分相关的能产生流体黏度的势垒温度,K

C_{VTF}——$\eta \to \infty$ 时的温度值(K)

1——与熔体性质、物质组分等因素有关的常数

2——为常数,表示 $T(K) \to \infty$ 时熔体的黏度值,取 $B = 4.31$

3——为该熔体分子网络的分数维值

r_i——为硅酸盐岩浆熔体网络中硅氧四面体[SiO_4]分布的自相似比

ΔG_{mix}^m——溶液的 Gibbs 摩尔混合自由能,kJ·mol^{-1}

μ——黏度,Pa·s

T——热力学温度,K

E_a——黏滞活化能,J/mol

R——气体常数,J/(mol·K)

T_{cv}——临界温度,℃

P/M——灰熔体结构指标

INAA——仪器中子活化分析

第3章 实验方法与数据分析

3.1 煤样工业分析和元素分析

选取淮南矿区不同煤矿煤样 28 种。为了与淮南煤的性质进行比较，选取了 3 种外地煤样。这 3 种煤样分别为安徽淮化集团 Texaco 水煤浆汽化所使用的低灰熔融温度原料煤 H、B1、G3。煤样的工业分析及碳氢元素分析结果见表 3-1。

表 3-1 　　　　　　　　　　　　煤样工业分析和碳氢元素分析结果

项目		工业分析			元素分析		发热量 $Q_{b,ad}$	硫含量
	煤样	$M_{ad}/\%$	$A_{ad}/\%$	$V_{daf}/\%$	$C_{ad}/\%$	$H_{ad}/\%$	$/MJ \cdot kg^{-1}$	$S_{t,ad}/\%$
淮南矿区煤样	HN106	1.20	10.15	31.25	74.20	3.92	28.70	1.06
	HN107	1.94	13.67	29.19	71.39	4.28	27.90	0.85
	HN108	1.80	24.09	27.28	68.77	3.45	24.52	0.44
	HN113	1.30	11.45	34.02	73.79	3.70	29.40	0.58
	HN114	1.30	23.75	25.55	64.93	3.99	24.30	0.55
	HN115	2.62	8.17	36.94	80.15	4.52	28.52	0.45
	HN116	2.62	24.32	30.81	68.76	4.63	25.54	0.97
	HN118	2.27	17.03	30.66	74.79	4.15	27.07	0.48
	HN119	1.98	7.35	33.91	65.54	4.78	24.13	0.68
	HN120	2.48	28.12	28.81	63.35	3.94	22.26	0.47
	HN121	2.74	22.83	29.57	68.03	4.04	24.64	0.49
	KL1	1.97	12.10	33.45	65.89	4.25	27.46	0.76
	HW01	2.08	18.49	30.07	73.38	4.44	24.72	0.80
	HW02	1.75	22.65	34.67	69.98	4.80	24.63	0.43
	HNP01	0.89	22.52	26.88	63.51	3.05	23.56	0.65
	HNP09	1.35	16.22	23.74	77.49	4.33	27.60	0.92
	HNP11	1.46	12.90	25.84	69.38	4.51	29.30	0.56
	HX13C	1.24	21.04	30.35	69.52	4.45	24.65	0.98
	NS801	2.79	11.13	29.76	77.23	4.55	27.29	0.70
	NS802	1.37	15.44	31.27	73.55	4.23	24.32	0.43
	NS803	1.65	29.26	29.95	65.27	3.89	22.80	0.35
	NS804	2.36	22.52	26.65	66.76	4.12	23.60	1.24
	NS805	2.38	22.18	38.14	68.22	4.27	23.86	0.49
	L1	1.02	27.41	29.93	68.45	3.66	24.77	0.79
	X1	1.24	25.18	26.53	69.41	4.59	23.62	0.66
	P1	1.59	22.70	35.44	64.76	4.38	24.89	1.67
	XQ	2.17	34.07	36.51	58.84	4.13	23.64	0.57
	XM	3.08	25.72	29.24	58.67	4.78	24.62	4.81

| 项目 | 工业分析 | | | 元素分析 | | 发热量 $Q_{b,ad}$ | 硫含量 |
	$M_{ad}/\%$	$A_{ad}/\%$	$V_{daf}/\%$	$C_{ad}/\%$	$H_{ad}/\%$	/MJ·kg^{-1}	$S_{t,ad}/\%$
煤样							
外地煤样 H	12.38	8.66	37.60	52.56	2.89	21.95	0.93
B1	2.96	9.66	45.77	70.64	3.38	23.88	2.84
G3	10.50	18.07	39.54	64.31	4.24	21.39	0.44

从表 3-1 可以看出,所取淮南矿区煤样的水分在 0.84%～3.08%,空气干燥基灰分的范围在 7%～29% 之间,其中 L1、X1、P1、XQ、XM、NS804、NS805、HN108、HN114、HN116、HN120、HN121、HW02、HNP01、HX13C 煤样灰分较高,其灰分超过 20%;而 HN115、HN119 两种煤样的灰分较低,其灰分小于 10%。淮南矿区煤样的挥发分含量在 30% 左右,其变质程度较为相近,主要为气煤和 1/3 焦煤。淮南矿区煤样发热量一般在 23～29 MJ·kg^{-1} 之间。淮南煤的硫含量普遍较低,一般低于 1%。但个别煤样硫含量超过 4%,这表明该煤样的成煤环境与其他淮南煤样成煤环境有别。3 种外地煤样的挥发分皆大于 37%,H、G3 煤样的空气干燥基水分较高,其水分超过 10%,表明这两种煤样的变质程度较低。

3.2　煤灰熔融性温度测定

3.2.1　灰熔融性温度测试仪器

煤灰熔融特征温度的测定使用的是 5E-AFⅡ型智能灰熔融温度测试仪、高温管式炉和日本中部大学自制的灰熔融温度测试仪。通过电脑和录像头,对灰锥形状的变化图像进行实时捕捉,能正确地获得描述煤灰熔融性的特征温度。测试仪主机结构示意图见图 3-1。实验时,将灰锥放置在灰锥托板上,通过摄像头将高温下灰锥的图像实时传送到计算机内,在软件上采用高智能图像处理与图像识别技术,辅助人工准确判断煤灰熔融特征温度。

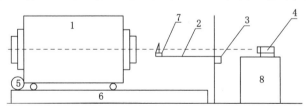

图 3-1　测试仪主机结构示意图

1——高温炉;2——灰锥支杆;3——热电偶;4——摄像头;

5——可逆电机;6——导轨;7——灰锥托板;8——摄像头支架

3.2.2　灰熔融性温度测定方法

将煤灰制成高 20 mm、底边长 7 mm 的正三角形的三角锥体,在弱还原性气体介质中,以一定的升温速度加热,观察灰锥在受热过程中的形态变化,判定熔融特征温度(即变形温度、软化温度和流动温度)。

(1)变形温度(DT):指灰锥尖端开始变圆或弯曲的温度。

(2)软化温度(ST):指灰锥锥体弯曲至锥尖触及托板、灰锥变成球形或高度等于(或小于)底长的半球形时的温度。

(3)流动温度(FT):指当灰锥融化成一体或展开成高度在 1.5 mm 以下薄层时的温度。

在同一实验室,DT 的允许误差为 60 ℃,ST 的允许误差为 40 ℃,FT 的允许误差为 40 ℃。

3.3 灰成分与煤灰熔融温度分析

煤灰没有一个固定的熔化温度,而只有一个较宽的温度范围。煤灰的熔融性主要取决于煤灰的组成。煤灰的化学组成采用 Rigaku RINT X 射线荧光光谱(XRF)进行测试。煤灰成分和煤灰熔融温度的测试结果见表 3-2。

根据煤灰成分可以初步判断灰熔融温度的高低。从表 3-2 中数据可知,淮南煤灰中富含 SiO_2 和 Al_2O_3(>75%),部分样品 SiO_2 和 Al_2O_3 含量高达 90% 以上。灰样中 TiO_2 平均含量在 1.0% 以上,Na_2O 低于 0.50%,MgO 低于 1.0%。煤样中 CaO 和 Fe_2O_3 的变化波动比较大,在 1.0%~10.0% 之间。灰熔融温度的数据表明:淮南煤大部分的流动温度大于 1 500 ℃,只有 XM、NS801、NS802、HN115 的流动温度低于 1 420 ℃;可以直接或通过配煤在 Texaco 水煤浆汽化中使用。HN119、HNP01 和 KL1 的流动温度在 1 500 ℃ 左右;添加适当的助熔剂可以用作 Texaco 水煤浆汽化的备用煤种。3 种外地煤是安徽淮化集团公司 Texaco 水煤浆汽化使用的主要煤种,其煤灰中 SiO_2 和 Al_2O_3 含量较低,一般都小于 77%,富含 Fe_2O_3、CaO 和 MgO(>15%),流动温度较低(<1 350 ℃),适合在液态排渣炉中使用。

表 3-2   灰成分和灰熔融温度测定结果

煤种		SiO_2 /%	Al_2O_3 /%	Fe_2O_3 /%	CaO /%	MgO /%	Na_2O /%	K_2O /%	SO_3 /%	TiO_2 /%	DT /℃	ST /℃	FT /℃
淮南煤样	HN106	39.8	41.8	9.19	1.13	0.36	0.24	2.29	0.71	3.35	1 166	1 524	>1 600
	HN107	46.2	45.3	1.92	0.74	0.29	0.36	1.16	0.35	3.19	>1 600	>1 600	>1 600
	HN108	44.9	44.0	3.52	1.35	0.31	0.23	0.82	0.62	2.39	>1 600	>1 600	>1 600
	HN113	37.1	40.7	4.64	8.91	0.54	0.26	0.40	2.31	2.37	1 439	1 504	1 560
	HN114	55.1	29.7	3.37	6.98	0.50	0.20	0.55	1.78	1.22	1 537	1 554	1 568
	HN115	42.3	34.5	6.17	8.55	1.00	0.21	0.76	3.20	2.24	1 272	1 360	1 412
	HN116	48.4	37.8	4.59	2.28	0.41	0.19	2.28	1.16	2.30	1 458	1 534	>1 600
	HN118	54.7	35.2	3.11	1.15	0.39	0.18	1.61	0.70	2.38	>1 600	>1 600	>1 600
	HN119	42.0	36.9	3.21	9.93	0.44	0.37	0.17	3.82	2.08	1 434	1 451	1 480

煤种		SiO$_2$ /%	Al$_2$O$_3$ /%	Fe$_2$O$_3$ /%	CaO /%	MgO /%	Na$_2$O /%	K$_2$O /%	SO$_3$ /%	TiO$_2$ /%	DT /℃	ST /℃	FT /℃
淮南煤样	HN120	50.3	36.9	3.7	2.58	0.44	0.2	2.24	1.36	1.79	>1 600	>1 600	>1 600
	HN121	52.0	38.2	3.5	1.50	0.44	0.13	1.1	0.49	2.09	>1 600	>1 600	>1 600
	KL1	47.1	35.3	4.72	5.67	0.75	0.26	1.33	2.22	1.96	1 450	1 500	1 560
	HW01	49.0	42.1	2.92	1.31	0.39	0.23	0.71	0.70	2.12	1 502	>1 600	>1 600
	HW02	49.0	37.7	3.07	3.68	1.00	1.43	0.96	1.43	1.62	1 588	>1 600	>1 600
	HNP01	50.1	32.9	8.42	1.37	0.62	0.45	2.17	0.34	1.51	1 425	1 495	>1 500
	HNP09	45.0	44.7	2.67	1.33	0.20	0.22	1.04	1.02	2.66	>1 600	>1 600	>1 600
	HNP11	40.6	42.5	3.97	4.59	0.33	0.41	0.83	1.36	2.41	1 422	>1 600	>1 600
	HX13C	49.2	38.6	3.35	2.73	0.31	0.29	1.04	1.37	1.89	>1 600	>1 600	>1 600
	L1	51.2	38.7	2.68	1.36	0.696	0.582	1.24	1.18	1.89	>1 600	>1 600	>1 600
	X1	48.5	39.9	3.65	1.50	0.667	0.519	1.33	1.19	2.16	>1 600	>1 600	>1 600
	P1	53.5	35.8	2.98	1.92	0.960	0.744	1.34	0.88	1.42	>1 600	>1 600	>1 600
	XQ	53.0	36.0	3.49	1.17	1.18	0.594	1.69	1.02	1.54	>1 600	>1 600	>1 600
	XM	43.8	27.7	10.7	6.85	0.14	0.00	1.53	7.00	1.38	1 210	1 250	1 310
	NS801	42.89	32.17	11.7	7.53	1.10	—	—	—	—	1 261	1 390	1 409
	NS802	41.2	34.2	10.3	7.65	0.92	0.28	0.47	2.74	1.68	1 327	1 358	1 370
	NS803	50.8	41.6	1.64	0.680	0.71	0.21	1.18	0.54	2.37	1 495	>1 600	>1 600
	NS804	47.7	41.1	5.08	1.01	0.65	0.20	1.08	0.87	2.02	>1 600	>1 600	>1 600
	NS805	51.2	37.5	3.15	2.34	1.05	0.16	0.88	1.46	1.71	>1 600	>1 600	>1 600
外地煤	G3	54.77	24.09	6.17	8.31	1.37	0.84	0.84	2.75	1.11	1 260	1 320	1 340
	H	43.81	25.63	8.08	11.58	1.76	0.54	0.54	5.83	1.21	1 187	1 250	1 280
	B1	37.04	15.59	17.25	14.44	0.88	0.32	0.32	12.80	0.64	1 130	1 160	1 170

3.4　CCSEM 分析矿物组成

采用 CCSEM 测定原煤和灰的矿物组成[1-2]。与其他分析方法相比,CCSEM 可以分析每一个矿物颗粒,而不是整体进行分析,可以在不破坏样品的情况下对样品进行分析,而不是采取分离样品(低温灰化)。因此,CCSEM 可以减少许多与传统灰化方法相关的各种问题。CCSEM 另一个优点是其不需依赖标准参照物的校准。另外,通过分析 CCSEM 的数据还可以分析矿物之间的结合形式,可以测定煤中矿物颗粒的大小、组成。

CCSEM 的样品制备和分析过程非常复杂。其主要过程是将煤粉与蜡制成样本,待硬化后,样本经切割、打磨、覆盖上碳层以排除电子影响,把样本放入电子扫描显微镜(CCSEM)中进行分析。煤样使用 JEM-5600、CDU-LEAP SEM-EDX 和 CCSEM 分析。使用 CCSEM 分别在 150、250 和 800 倍的放大率下分析 22.0～211.0 μm,4.6～22.0 μm,0.5～4.6 μm 的样品图像。

3.5　煤灰熔融机理分析

3.5.1　煤灰高温熔融过程测试仪

为了对煤灰高温熔融过程中的矿物质组成和熔体结构进行分析,研究矿物组成和温度对熔融机理的影响,探究高灰熔融温度煤灰熔融机理,采用中部大学二宫研究室设计的直立高温灰熔融过程测试系统,见图 3-2。首先,通入 N_2 气保护,采用气流控制阀模拟弱还原性气氛,升温过程中关闭 N_2,通入 $CO(60\%)+CO_2(40\%)$ 的混合气,将炉温升至设定温度。然后将 1 g 左右样品迅速放入在该加热装置中间恒温区,样品达到指定温度时,自动落入水槽中淬冷,以保持该温度下的晶体形态。最后,样品取出后,用 CCSEM、XRD 分析其矿物组成变化,研究煤灰矿物组成高温变化规律。

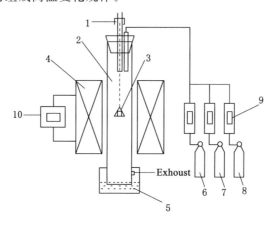

图 3-2　高温灰熔融过程测试系统结构示意图

1——Magnet;2——Nail;3——Sample;4——Furnerce;5——Water Seal Bath;
6——CO;7——CO₂;8——N₂;9——Gas Flow Water;10——Temperature control

3.5.2　XRD 分析

每种结晶矿物都有其独特的化学组成和晶体结构。当 X-射线通过时,结晶矿物都会给出其本身结构所决定的、具有特征性的衍射峰。物质不同,衍射峰也不相同,而同种物质的衍射峰总是相同的。因而根据各种结晶矿物的衍射效应,可准确鉴定出煤灰中的各种物相。XRD 技术已广泛用于煤中矿物质的研究[3-6]。

煤样、高温灰样(815 ℃)和高温急冷熔渣样品,经玛瑙研钵研磨后,制片后用 Rigaku RINT X 射线衍射仪进行分析。衍射条件为:Cu 靶,管电压 40 kV,管电流 35 mA。测角范围为 3°～90°。

3.5.3　傅立叶变换红外光谱(FTIR)分析

红外光谱可用来对化合物作定性鉴定、定量分析和结构分析。根据红外光谱图上出现的吸收带的位置、强度和形状,利用各种基团特征吸收的知识,确定吸收带的归属,确定分子中所含的基团,结合其他分析所获得的信息,做定性鉴定和推测分子结构。现在,FTIR 分析技术已经广泛被用于研究煤的结构、矿物和飞灰的组成[7-10]。

煤样、高温灰样(815 ℃)和高温急冷熔渣样品,与 KBr 以 1∶200 的比例混合,在玛瑙研钵中研磨均匀,以 12 MPa 的压力压制成厚度约 0.5 mm 的薄片,用德国 BRUKER 公司生产的 Vector-33 型傅立叶变换红外光谱仪进行红外检测。光谱扫描范围为 400～4 000 cm^{-1},辨析率为 4 cm^{-1}。

3.6　煤灰黏度测定

煤灰黏度是动力用煤和汽化用煤的重要指标,是液态排渣炉确定操作温度的重要依据。测定煤灰黏温特性对于液态排渣炉来说是不可缺少的工作。

将煤灰用糊精溶液润湿后压制成 ϕ10 mm×20 mm 的灰柱。在室温下晾干或置于烘箱里低温(40～60 ℃)烘干后,再放入高温炉中,以 800 ℃ 温度灼烧 40 min 取出,待用。

实验选用西安热工研究院 TPRI-2 型高温灰渣黏度计[11],该黏度计测量原理如图 3-3 所示。加热元件为缠绕在刚玉螺纹管上的钼丝,其工作温度可达 1 780 ℃。实验时通入 H$_2$ 与 N$_2$ 混合气体(V_{H_2}∶V_{N_2}＝1∶1)以防止钼丝在高温下氧化。测量过程中调整测量浆杆与坩埚同心度。浆头(或坩埚)以一恒定角速度旋转时,在熔体黏滞力的作用下,钢丝产生的扭转角度通过指示仪表读出,通过角度和黏度之间的关系式可以求得各温度点对应的黏度值。

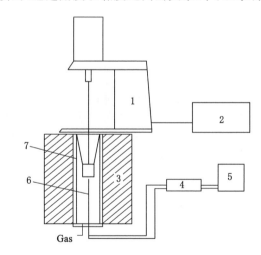

图 3-3　TPRI-2 型高温灰渣黏度计示意图

1——测量头;2——指示仪表;3——加热炉;4,5——控温系统;

6——热电偶;7——刚玉套管

3.7　FactSage 热力学计算软件

FactSage 软件是全球化学热力学领域中一款著名的计算模拟软件[12],可用于计算化学热力学领域中的各种反应、热力学性能、相平衡等。FactSage 软件出现于 2001 年,是

FACT Win/F×A×C×T 和 ChcmSage/SOLGASMIX 两个热化学软件包的结合。Fact-Sage 软件是加拿大 Thermfact/CRCT 和德国 GTT-Technologies 合作的结晶。该软件的主要功能(见图 3-4)包括如下几个部分。

(1) 查看化合物和溶液数据库中的各种热力学参数；

(2) 自定义数据库编辑与保存；

(3) 计算纯物质、混合物或化学反应的各种热力学性能变化；

(4) 等温优势区图计算；

(5) 等温 Pourbaix 图计算；

(6) 化学反应达到平衡时各物质的浓度计算；

(7) 相图计算；

(8) 数据库优化；

(9) 计算结果图表处理。

通过煤灰化学组成，借助 FactSage 热力学计算软件，预测还原性气氛下，多组分系统的液相和固相相变以及相平衡问题。

图 3-4　化学热力学计算软件 FactSage 主要模块和功能

参 考 文 献

[1] Zygarlicke C J, Steadman E N. Advanced SEM techniques to characterize coal minerals[J]. scanning electron microns, 1990, 4(3): 579-590.

[2] Stefan Bernstein, Dirk Frei, Roger K. McLimans, et al. Application of CCSEM to heavy mineral deposits: Source of high-Tiilmenite sand deposits of South Kerala beaches, SW India[J]. Journal of Geochemical Exploration, 2008, 96(1): 25-42.

[3] Yamashita T, Tominaga H, Asahiro N. Modeling of ash formation behavior during pulverized coal combustion[J]. IFRF Combustion Journal, 2000, 8: 1-17.

［4］ Unuma H，Takeda Sh，Tsurue T，et al. Studies of the fusibility of coal ash［J］. Fuel，1986,65(11):1505-1510.

［5］ Ward C R. Analysis and significance of mineral matter in coal seams［J］. International Journal of Coal Geology，2002,50(1.4):135-168.

［6］ Gonia Ch，Helleb S，Garciac X，et al. Coal blend combustion：fusibility ranking from mineral matter composition［J］. Fuel，2003,82(15-17):2087-2095.

［7］ Maitra S，Das S，Das A K，et al. Effect of heat treatment on properties of steam cured fly ash-lime compacts［J］. Bulletin of Materials Science，2005,28(7)：697-702.

［8］ Ram M M，Prasad P S R. FTIR investigation on the fluid inclusions in quartz veins of the Penakacherla Schist Belt［J］. Current Science，2002,83(6):755-760.

［9］ Ahmed M A，Blesa M J，Juan R，et al. Characterization of an Egyptian coal by Mossbauer and FT-IR spectroscopy［J］. Fuel，2003,82(14)：1825-1829.

［10］ Alessio A D，Vergamini P，Benedetti E. FT-IR investigation of the structural changes of Sulcis and South Africa coals under progressive heating in vacuum ［J］. Fuel，2000,79(10):1215-1220.

［11］ 黄瀛华,王增辉,杭月珍. 煤化学及工艺学实验［M］. 华东化工学院出版社，1988:9.

［12］ Bale C W，Chartr P，Degterov S A，et al. FactSage thermochemical software and databases［J］. Calphad，2002,26(2):189-228.

第4章 淮南煤矿物组成特性和粒度分布

4.1 引　　言

由于煤中的矿物组成和性质控制煤灰加热条件下的熔融和结晶过程,因此利用传统的分析方法不能准确地预测高温汽化和燃烧过程中的煤灰行为[1]。灰成分分析常在汽化和燃烧过程中出现由灰渣导致的各种问题时不能提供合理的解释。有时会出现两种灰成分相近的煤在汽化炉和锅炉中行为差异极大的问题[2-8]。了解煤中矿物组成和性质是非常重要的。仅知道矿物的氧化物组成和元素组成不能够充分解释和说明煤炭加热过程中灰的行为特征。矿物在汽化和燃烧过程中对炉体的腐蚀、灰渣的形成以及熔渣的排出起着重要的作用[9-12]。在加热过程中,一些煤中的矿物行为特征已经被广泛地研究[1,13-14]。在研究煤灰矿物组成以及煤灰在熔融过程中的矿物演变时,人们通常采用的方法有 X 射线衍射法、红外分析法,并且人们借助扫描电子显微镜观察煤灰在受热过程中的行为变化[15-18]。CCSEM[19]已经被广泛应用于测定煤中矿物的颗粒大小、分布规律和各类矿物组成。利用CCSEM 与其他先进技术还可以准确预测各种矿物对燃烧系统操作影响[20]。

我国许多地区的煤田以高灰熔融温度煤为主。例如,对于淮南和淮北煤田,煤熔融温度基本都大于 1 500 ℃,很难在液态排渣的汽化炉和燃烧器中使用。因此,借助于先进的计算机控制扫描电镜(CCSEM)研究淮南煤中矿物组成变化规律和粒度分布特性,可以从根本上揭示淮南煤灰熔融温度高的内在原因,对于从理论上和实践上寻求降低淮南煤灰熔融温度,改善黏温特性,扩大汽化煤种,稳定汽化操作过程具有重要的意义。

4.2 CCSEM 分析样品制备

样品制备是 CCSEM 分析的基本步骤。它是影响 CCSEM 分析结果精确度的最重要的因素之一。样品制备的目标是确保样品颗粒均一的分散于所用样品载体上,以便各个颗粒(煤或矿物)可以反映在背散射电子图像上。在样品制备过程中,应该避免样品颗粒的过度集中,尤其是避免较重颗粒的沉降。CCSEM 分析样品制备包括如下步骤。

(1) 称量 0.2 g 煤样(对于灰样 0.1 g 即可)置于样品杯,添加 2.0 g 蜡与样品混合均匀。再把混合物加热到 120 ℃保持约 20 min。

(2) 在加热状态下搅拌熔融混合物确保煤样颗粒分布均匀。当混合物达到半干状态之后,停止搅拌,让混合物自然冷却。

(3) 将冷却下来的成型样品放入到另外一个样品杯中。在样品的上面添加 2.0 g 环氧树脂和 0.4 g 环氧树脂硬化剂。把加入环氧树脂的样品在室温下放置约 20 min,使上部环氧化物原料内部的气泡析出。然后,在 50 ℃下,加热样品杯 2 h。

(4) 将固体样品从样品杯中取出,先用 600 目碳化硅砂纸水磨将样品打磨光滑,至整个表面均匀后;接着用 800 目砂纸水磨,再用 2 000 目的砂纸水磨。最后将样品干燥并在光学显微镜下观察样品表面,以判断样品表面是否光滑,是否深的刮痕。

(5) 使用 1 μm 的金刚石打磨样品,确保样品光滑表面上呈现无机矿物的轻微突出。

(6) 使用 SC-701C 型快速喷碳仪对样品表面进行喷碳处理。

4.3　CCSEM 分析步骤

进行 CCSEM 分析要借助于 JSM-5600 型扫描电镜带有的软件包。背散射电子探测器用于采集电子图像。其软件由 EDAX 提供。CCSEM 分析主要步骤如下:

(1) 将制备的样品放进扫描电镜系统的真空室中。为保证扫描电镜电子枪与灯丝处于稳定状态,系统应稳定维持在 10 min 以上。打开扫描电镜的 HT 开关,设置放大倍率,使电子枪聚焦在样品上,设置 20 mm 的工作距离。最终使背散射电子探测器照射到真空室中,使扫描电镜的图像格式设置成与背散射电子图像格式一致。

(2) 激活与扫描电镜连接的另一个电脑上的 EDAX Genesis 程序,随后选择"颗粒"程序。设置分辨率为 2 048×1 024,放大时间为 17 μs。用扫描电镜采集图像。

(3) 将 0.5～4.6 μm 颗粒的放大倍率设置为 800,将 4.6～22.0 μm 颗粒的放大倍率设置为 250,将 22.0～211.0 μm 颗粒的放大倍率设置为 150。

(4) 调整背散射电子探测器的初始值,以确保样品中的矿物颗粒与样品中的蜡和含碳材料分开。在背散射电子图像中,蜡显示为黑色,含碳材料显示为灰色,而矿物颗粒显示为明亮的色泽。初始值调整的依据是背散射电子图像各部分的亮度。

(5) 为每个样品创建一个新文件夹,启动程序,数据即可自动保存。

(6) 使用 EDAX Genesis 软件中的"spectrum"程序对 CCSEM 数据重新计算,以得到更精确的结果。

4.4　CCSEM 分析数据处理

一般来说,CCSEM 分析得到了包含每个矿物的大量数据(如矿物的图像、位置、面积、直径、形状要素、元素组成和类型)。整个分析过程中有超过 3000 的颗粒被选作每次运行的分析对象。有两个基本原则用于 CCSEM 分析结果[21]。

(1) 单个矿物颗粒的元素含量

每种矿物相中的元素含量与 X 射线强度成比例。其是通过对每个元素的净的 X 射线强度点数值除以所有元素的 X 射线强度点数值计算得到的。

(2) 矿物组成及含量

二维样品(煤或矿物质)颗粒表面上的横截面面积比例等于相应颗粒三维体积比例。

使用表 4-1 所示的矿物分类进行矿物组成分析研究。该分类数据与北达科他大学的能源与环境研究中心所用的数据相同。

表 4-1　　　　　　　　　　　　本研究中矿物分析的 CCSEM 种类　　　　　　　　　　单位：%

分类数	矿物组成类别	密度 /g·cm⁻³	组分标准 percent relative X-ray intensity
1	quartz	2.65	Al≤5，Si≥80
2	iron oxide	5.30	Mg≤5，Al≤5，Si<10，S≤5，Fe≥80
3	periclase	3.61	Mg≥80，Ca≤5
4	rutile	4.90	S≤5，Ti+Ba≥80
5	alumina	4.00	Al≥80
6	calcite	2.80	Mg≤5，Al≤5，Si≤5，P≤5，S<10，Ca≥80，Ti≤5，Ba≤5
7	dolomite	2.86	Mg>5，Ca>10，Ca+Mg≥80
8	ankerite	3.00	Mg<Fe，S<15，Ca>20，Fe>20，Ca+Mg+Fe≥80
9	kaolinite	2.65	Na≤5，Al+Si≥80，K≤5，Ca≤5，0.8<Si/Al<1.5，Fe≤5
10	montmorillonite	2.50	Na≤5，Al+Si≥80，K≤5，Ca≤5，1.5<Si/Al<2.5，Fe≤5
11	K al-silicate	2.60	Na≤5，Al≥15，Si>20，K>5，K+Al+Si≥80，Ca≤5，Fe≤5
12	Fe al—silicate	2.80	Na≤5，Al≥15，Si>20，S≤5，K≤5，Ca≤5，Fe>5，Fe+Al+Si≥80
13	Ca al-silicate	2.65	Na≤5，Al≥15，Si>20，S≤5，K≤5，Ca≥5，Ca+Al+Si≥80，Fe≤5
14	Na al-silicate	2.60	Na>5，Al≥15，Si>20，Na+Al-Si≥80，S≤5，K≤5，Ca≤5，Fe≤5
15	Aluminosilicate	2.65	Na≤5，Al≥20，Si>20，Si+Al≥80，K≤5，Ca≤5，Fe≤5
16	mixed silicate	2.65	Na<10，Al>20，Si>20，S≤5，K<10，Ca<10，Fe<10，Na+Al+Si+Ca+Fe≥80
17	Fe silicate	4.40	Na≤5，Al≤5，Si>20，S≤5，K≤5，Ca≤5，Fe>10，Fe+Si≥80
18	Ca silicate	3.09	Na≤5，Al≤5，Si>20，S≤5，K≤5，Ca>10，Ca+Si≥80，Fe≤5
19	Ca aluminate	2.80	Al>15，Si≤5，P≤5，S≤5，Ca>20，Ca+Al≥80
20	pyrite	5.00	S>20，Ca<10，Fe>15，Ba<5，Fe/S<0.7，Fe+S≥80
21	pyrrhotite	4.60	S>20，Ca<10，Fe>20，Ba<5，0.7<Fe/S<1.5，Fe+S≥80
22	oxidized pyrrhotite	5.30	S>20，Ca<10，Fe>40，Ba<5，Fe/S>1.5，Fe+S≥80
23	gypsum	2.50	Si<10，S>20，Ca>20，Ca+S≥80，Ti<10，Ba<10
24	barite	4.50	S>20，Ca≤5，Fe<10，Ba+Ti>20，Ba+S+Ti≥80
25	apatite	3.20	Al≤5，P≥20，S≤5，Ca≥20，Ca+P≥80
26	Ca-Al-P	2.80	Al>10，Si≤5，P>10，S≤5，Ca>10，Al+P+Ca≥80
27	KCl	1.99	K≥30，Cl≥30，K+Cl≥80
28	gypsum/barite	3.50	S>20，Ca>5，Ti>5，Fe≤5，Ba>5，S+Ca+Ti+Ba≥80
29	gypsum/al-silicate	2.60	Al>5，Si>5，S>5，Ca>5，Al+Si+S+Ca≥80
30	Si rich	2.65	65≤Si≤80
31	Ca rich	2.60	Al<15，65≤Ca<80
32	Ca-Si rich	2.60	Si≥20，Ca≥20，Si+Ca≥80
33	unknown	2.70	Unclassified compositions

4.5　淮南煤样 SEM 图像

选取典型淮南煤样，分别在 150 倍、250 倍和 800 倍的放大率下使用 JEM-5600、CDU-

LEAP SEM-EDX 和 CCSEM 分析 22.0～211.0 μm、4.6～22.0 μm、0.5～4.6 μm 的样品图像,进行矿物颗粒组成和粒度分布分析研究。图 4-1 至图 4-3 为不同放大倍率的 HN115 煤样的 SEM 图像,从图中可以清晰看出煤中的矿物颗粒大小和矿物颗粒不规则的形状。EDX 分析了各个颗粒的化学组成和可能存在的矿物种类。图 4-1(a)显示的小颗粒是黄铁矿和铁铝硅酸盐;图 4-1(b)显示的小颗粒为石英。图 4-2(a)、(b)显示的中等大小的颗粒为高岭石和钾铝硅酸盐。图 4-3 显示的大颗粒为白云石。

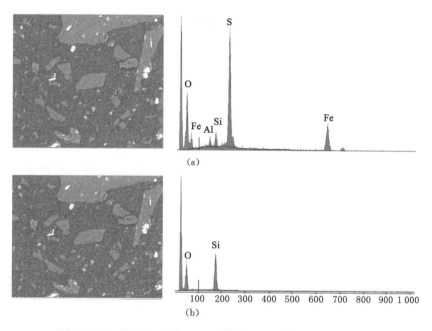

图 4-1　800 倍放大率下 HN115 煤样 SEM 图像和颗粒组成

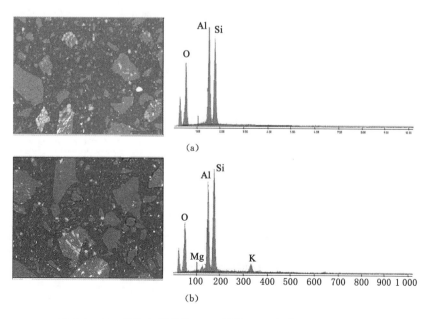

图 4-2　250 倍放大率下 HN115 煤样 SEM 图像和颗粒组成

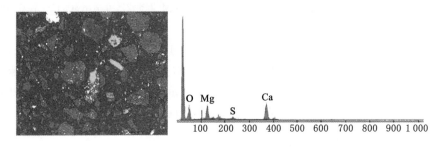

图 4-3   150 倍放大率下 HN115 煤样 SEM 图像和颗粒组成

4.6   淮南煤矿物组成

4.6.1   淮南煤矿物组成分布

煤的矿物组成和粒度分布对于汽化工艺极其重要。选择煤灰熔融温度不同的有代表性的七种淮南煤作为研究对象。利用 CCSEM 对其分别进行了矿物组成和粒度分布分析。

（1）淮南 HN115 煤

淮南 HN115 煤灰流动温度在 1 400 ℃,在淮南煤中属灰熔融温度相对较低的煤种。表 4-2 为 HN115 煤的 CCSEM 矿物分析结果,从表中可以看出 HN115 煤主要含有石英、高岭石、方解石、白云石、黄铁矿、铁白云石、氧化铝和其他黏土矿物,如蒙脱石和 K-铝硅酸盐等。主要矿物组成中,耐熔矿物高岭石含量为 50.17%,蒙脱石含量较低,为 1.01%,K-铝硅酸盐含量为 2.85%,石英含量为 6.00%。助熔矿物黄铁矿含量高达 12.24%,白云石、方解石以及铁白云石含量超过 10.0%,这也是该煤灰流动温度较其他大部分淮南煤低的一个主要原因。除了这些主要矿物组成外,其他矿物组成含量基本都小于 1.0%,对高温煤灰行为的影响较小。

表 4-2   淮南 HN115 煤矿物组成和粒度分布结果

Category	粒径/μm								Totals
	0.5~1	1~2.2	2.2~4.6	4.6~10	10~22	22~46	46~100	100~211	
Quartz	0.19	0.92	0.66	1.37	0.46	0.22	0.00	2.18	6.00
Iron Oxide	0.00	0.25	0.40	0.00	0.00	0.00	0.00	0.00	0.65
Rutile	0.00	0.04	0.10	0.30	0.00	0.00	0.00	0.00	0.44
Alumina	0.17	0.36	0.64	0.23	0.00	0.07	0.00	0.00	1.47
Calcite	0.12	0.75	0.58	0.68	0.69	1.04	2.06	0.00	5.92
Dolomite	0.09	0.40	0.95	0.26	0.40	0.82	2.03	0.00	4.95
Ankerite	0.00	0.00	0.02	0.00	0.04	0.28	1.04	0.00	1.38
Kaolinite	1.18	6.45	10.94	10.05	5.86	6.22	7.25	2.22	50.17
Montmorillonite	0.02	0.18	0.02	0.17	0.24	0.06	0.32	0.00	1.01
K Al-silicate	0.01	0.38	0.26	0.61	0.64	0.34	0.61	0.00	2.85

Category	粒径/μm								Totals
	0.5~1	1~2.2	2.2~4.6	4.6~10	10~22	22~46	46~100	100~211	
Fe Al-silicate	0.00	0.00	0.05	0.12	0.00	0.17	0.00	0.00	0.34
Ca Al-silicate	0.00	0.02	0.26	0.19	0.20	0.00	0.00	0.00	0.67
Na Al-silicate	0.01	0.00	0.00	0.02	0.00	0.00	0.00	0.00	0.03
Aluminosilicate	0.02	0.04	0.00	0.09	0.00	0.00	0.00	0.00	0.15
Mixed Aluminosilicate	0.00	0.00	0.00	0.05	0.00	0.00	0.00	0.00	0.05
Ca silicate	0.01	0.05	0.02	0.05	0.00	0.00	0.00	0.00	0.13
Pyrite	0.05	0.00	0.24	0.14	0.51	1.17	5.17	4.96	12.24
Oxidized pyrrhotite	0.01	0.00	0.00	0.00	0.00	0.00	0.00	0.00	0.01
Gypsum	0.03	0.00	0.00	0.08	0.09	0.00	0.00	0.00	0.20
Apatite	0.00	0.00	0.00	0.08	0.00	0.00	0.00	0.00	0.13
KCl	0.00	0.08	0.00	0.04	0.00	0.00	0.00	0.00	0.12
Gypsum/Al-silicate	0.00	0.00	0.00	0.03	0.00	0.00	0.00	0.00	0.03
Si-Rich	0.00	0.00	0.00	0.15	0.00	0.00	0.00	0.00	0.15
Ca-Rich	0.00	0.00	0.02	0.00	0.00	0.10	0.00	0.00	0.12
Unknown	0.29	1.09	1.57	1.73	1.10	1.18	1.90	1.93	10.79
Totals	2.20	11.01	16.73	16.44	10.38	11.57	20.38	11.29	100.00

（2）淮南 HN119 煤

淮南 HN119 煤与 HN115 煤灰熔融温度较为接近,皆小于 1 500 ℃,在淮南煤中属灰熔融温度相对较低的煤种。表 4-3 所示为 HN119 煤的 CCSEM 矿物分析结果。从表 4-3 中可以看出:HN119 煤主要含有石英、高岭石、方解石、白云石、黄铁矿、铁白云石、富钙矿物、氧化铝和蒙脱石等。① 对于耐熔矿物,高岭石含量高达 67.63%;蒙脱石含量较低,为 0.50%;K-铝硅酸盐含量为 0.00%;石英含量为 4.10%。② 对于助熔矿物,黄铁矿含量高达 6.04%,白云石含量为 0.60%,富钙矿物含量为 1.55%,方解石含量高达 11.56%。这是该煤灰流动温度低于 1 500 ℃ 的主要原因。除了这些主要矿物组成外,其他矿物组成含量基本都小于 1.0%,对高温煤灰行为的影响较小。

表 4-3   **淮南 HN119 煤矿物组成和粒度分布结果**   单位:%

Category	粒径/μm								Totals
	0.5~1	1~2.2	2.2~4.6	4.6~10	10~22	22~46	46~100	100~211	
Quartz	0.08	0.40	1.19	1.61	0.24	0.58	0.00	0.00	4.10
Periclase	0.02	0.00	0.00	0.00	0.00	0.00	0.00	0.00	0.02
Rutile	0.03	0.00	0.00	0.00	0.00	0.00	0.00	0.00	0.03
Alumina	0.04	0.05	0.58	0.05	0.00	0.00	0.00	0.00	0.72
Calcite	0.02	0.37	0.47	1.75	1.06	0.29	4.12	3.48	11.56

Category	粒径/μm								Totals
	0.5～1	1～2.2	2.2～4.6	4.6～10	10～22	22～46	46～100	100～211	
Dolomite	0.02	0.06	0.00	0.23	0.11	0.18	0.00	0.00	0.60
Kaolinite	0.74	5.40	9.06	23.47	10.07	7.05	11.84	0.00	67.63
Montmorillonite	0.00	0.00	0.07	0.43	0.00	0.00	0.00	0.00	0.50
Ca Al-silicate	0.02	0.00	0.00	0.08	0.09	0.00	0.00	0.00	0.19
Aluminosilicate	0.00	0.00	0.00	0.05	0.00	0.00	0.00	0.00	0.05
Pyrite	0.00	0.00	0.00	0.42	0.65	0.57	4.40	0.00	6.04
Si-Rich	0.00	0.00	0.06	0.17	0.00	0.00	0.00	0.00	0.23
Ca-Rich	0.00	0.00	0.00	0.06	0.00	0.00	1.49	0.00	1.55
Unknown	0.25	0.66	1.38	3.19	0.52	0.78	0.00	0.00	6.78
Totals	1.22	6.94	12.81	31.51	12.74	9.45	21.85	3.48	100.00

(3) 淮南煤 HN113 煤

淮南煤 HN113 煤灰熔融温度在 1 500～1 600 ℃之间,在淮南煤中属灰熔融温度相对较高煤种。表 4-4 所示为 HN113 煤的 CCSEM 矿物分析结果。从表 4-4 中可以看出:HN113 煤主要含有石英,氧化铝,高岭石,方解石,黄铁矿,Na、Ca、Fe、K-铝硅酸盐、蒙脱石等。① 对于耐熔矿物,高岭石含量高达 70.89%左右;蒙脱石含量较低,为 0.21%;Na、Ca 铝硅酸盐含量接近 2.00%;而 Fe-铝硅酸盐含量为 1.05%,K-铝硅酸盐含量为 0.46%;石英含量为 1.22%。② 对于助熔矿物,黄铁矿含量较低,仅为 0.73%;白云石含量为 0.13%;方解石含量高达 8.65%。高岭石含量高,而黄铁矿含量低,是该煤灰流动温度高于 1 500 ℃的主要原因。除了这些主要矿物组成外,其他矿物组成含量基本都小于 1.0%,对高温煤灰行为的影响较小。

表 4-4　　　　　　　　　　淮南 HN113 煤矿物组成和粒度分布结果　　　　　　　　单位:%

Category	粒径/μm								Totals
	0.5～1	1～2.2	2.2～4.6	4.6～10	10～22	22～46	46～100	100～211	
Quartz	0.07	0.16	0.45	0.17	0.00	0.37	0.00	0.00	1.22
Iron Oxide	0.03	0.04	0.18	0.11	0.00	0.00	0.00	0.00	0.36
Periclase	0.00	0.00	0.00	0.03	0.00	0.00	0.00	0.00	0.03
Rutile	0.00	0.12	0.03	0.00	0.00	0.00	0.00	0.00	0.15
Alumina	0.17	1.10	0.76	0.34	0.15	0.43	0.00	0.00	2.95
Calcite	0.21	0.29	0.51	0.56	0.60	2.10	4.38	0.00	8.65
Dolomite	0.00	0.08	0.02	0.03	0.00	0.00	0.00	0.00	0.13
Ankerite	0.00	0.00	0.00	0.00	0.00	0.10	0.00	0.00	0.10
Kaolinite	2.21	8.19	9.28	17.18	9.45	12.09	11.27	1.22	70.89
Montmorillonite	0.00	0.00	0.00	0.11	0.10	0.00	0.00	0.00	0.21

续表4-4

Category	粒径/μm								Totals
	0.5～1	1～2.2	2.2～4.6	4.6～10	10～22	22～46	46～100	100～211	
K Al-silicate	0.00	0.02	0.21	0.06	0.17	0.00	0.00	0.00	0.46
Fe Al-silicate	0.01	0.00	0.10	0.41	0.40	0.13	0.00	0.00	1.05
Ca Al-silicate	0.01	0.27	0.01	0.25	0.68	0.32	0.31	0.00	1.85
Na Al-silicate	0.02	0.45	0.27	0.34	0.15	0.00	0.43	0.00	1.66
Aluminosilicate	0.00	0.05	0.01	0.08	0.00	0.00	0.00	0.00	0.14
Ca silicate	0.00	0.09	0.00	0.07	0.00	0.00	0.00	0.00	0.16
Ca Aluminate	0.01	0.00	0.00	0.00	0.03	0.00	0.00	0.00	0.04
Pyrite	0.00	0.00	0.00	0.00	0.35	0.38	0.00	0.00	0.73
Oxidized pyrrhotite	0.00	0.00	0.00	0.24	0.00	0.00	0.00	0.00	0.24
Gypsum	0.00	0.00	0.00	0.04	0.09	0.13	0.00	0.00	0.26
Apatite	0.01	0.00	0.00	0.20	0.26	0.00	0.00	0.00	0.47
Ca-Al-P	0.01	0.06	0.03	0.00	0.00	0.00	0.00	0.00	0.10
NaCl	0.01	0.00	0.34	0.00	0.00	0.00	0.00	0.00	0.35
Gypsum/Al-silicate	0.00	0.00	0.00	0.00	0.21	0.00	0.00	0.00	0.29
Ca-Rich	0.00	0.06	0.00	0.00	0.00	0.00	0.00	0.00	0.06
Unknown	0.31	1.70	1.30	1.28	0.97	1.27	0.62	0.00	7.45
Totals	3.08	12.68	13.50	21.58	13.61	17.32	17.01	1.22	100.00

（4）淮南 KL1 煤

淮南煤 KL1 煤灰熔融温度在 1 500～1 600 ℃之间，在淮南煤中属灰熔融温度相对较高煤种。表 4-5 所示为 KL1 煤的 CCSEM 矿物分析结果。从表 4-5 中可以看出 KL1 煤主要含有石英，高岭石，氧化铝，方解石，白云石，黄铁矿，铁白云石，蒙脱石，Na、Ca、Fe、K-铝硅酸盐等矿物。① 对于耐熔矿物，高岭石含量高达 64.98%，K-铝硅酸盐含量为 8.63%，蒙脱石含量为 1.12%，Fe-铝硅酸盐含量为 3.58%，石英含量为 3.62%。② 对于助熔矿物，黄铁矿含量为 2.93%，白云石含量为 1.40%，方解石含量高达 3.00%，铁白云石含量为 0.49%。该煤灰熔融温度高于 1 550 ℃的主要原因是耐熔矿物高岭石含量高达 64.98% 和 K-铝硅酸盐含量为 8.63%。除了这些主要矿物组成外，其他矿物组成含量基本都小于 1.0%，对高温煤灰行为的影响较小。

表 4-5　　　　　　　　　　淮南 KL1 煤矿物组成和粒度分布结果　　　　　　单位：%

Category	粒径/μm								Totals
	0.5～1	1～2.2	2.2～4.6	4.6～10	10～22	22～46	46～100	100～211	
Quartz	0.01	0.10	0.44	0.05	0.07	0.72	0.96	1.27	3.62
Rutile	0.01	0.00	0.19	0.00	0.23	0.00	0.00	0.00	0.43
Alumina	0.00	0.00	0.08	0.41	0.26	0.00	0.00	0.00	0.75

Category	粒径/μm								Totals
	0.5～1	1～2.2	2.2～4.6	4.6～10	10～22	22～46	46～100	100～211	
Calcite	0.00	0.04	0.11	0.33	0.40	0.49	0.00	1.63	3.00
Dolomite	0.00	0.03	0.00	0.06	0.05	0.89	0.37	0.00	1.40
Ankerite	0.00	0.00	0.00	0.00	0.00	0.00	0.49	0.00	0.49
Kaolinite	0.62	0.96	5.23	10.03	7.12	12.36	16.21	12.45	64.98
Montmorillonite	0.00	0.00	0.00	0.02	0.19	0.49	0.42	0.00	1.12
K Al-silicate	0.02	0.00	0.42	0.09	0.21	1.47	3.26	3.16	8.63
Fe Al-silicate	0.00	0.04	0.04	0.23	0.07	0.72	2.48	0.00	3.58
Ca Al-silicate	0.00	0.00	0.02	0.21	0.00	0.07	0.00	0.00	0.30
Na Al-silicate	0.00	0.00	0.02	0.12	0.00	0.00	0.64	0.00	0.80
Aluminosilicate	0.00	0.00	0.00	0.00	0.00	0.07	0.00	0.00	0.07
Ca silicate	0.00	0.03	0.00	0.11	0.00	0.00	0.00	0.00	0.14
Pyrite	0.00	0.00	0.00	0.06	0.00	0.30	2.57	0.00	2.93
Oxidized pyrrhotite	0.00	0.00	0.22	0.05	0.00	0.00	0.00	0.00	0.27
Gypsum	0.00	0.00	0.00	0.05	0.00	0.00	0.00	0.00	0.05
Apatite	0.00	0.00	0.00	0.09	0.00	0.00	0.00	0.00	0.09
NaCl	0.00	0.00	0.08	0.00	0.00	0.00	0.00	0.00	0.08
Ca-Rich	0.00	0.00	0.00	0.00	0.04	0.05	0.00	0.00	0.09
Ca-Si Rich	0.00	0.00	0.00	0.00	0.00	0.05	0.00	0.00	0.05
Unknown	0.08	0.12	0.94	0.81	0.86	1.61	2.71	0.00	7.13
Totals	0.74	1.32	7.79	12.72	9.52	19.29	30.11	18.51	100.00

（5）淮南 HN106 煤

淮南 HN106 煤灰熔融温度大于 1 600 ℃，在淮南煤中属灰熔融温度相对较高的煤种。表 4-6 所示为 HN106 煤的 CCSEM 矿物分析结果。从表 4-6 中可以看出：HN106 煤主要矿物组成含有高岭石、石英、黄铁矿、蒙脱石、K-铝硅酸盐和一系列含铁矿物等。① 对于耐熔矿物，高岭石含量为 55.31%；蒙脱石含量较低，为 0.42%；K-铝硅酸盐含量高达 11.80%；石英含量较低为 0.79%。② 含铁矿物种类较多。黄铁矿含量为 10.06%，氧化铁为 0.48%，Fe-铝硅酸盐为 0.54%，磁黄铁矿和氧化磁黄铁矿含量为 0.55%。但是，该煤方解石含量极低，仅为 0.15%，不含白云石和铁白云石。虽然该煤的高岭石含量仅为 55.31%，且其黄铁矿含量较高，但该煤灰流动温度仍然高于 1 600 ℃。其主要原因是该煤的高岭石含量为 55.31% 左右，K-铝硅酸盐含量高达 11.80%，而白云石、方解石以及铁白云石含量等助熔矿物含量极低。

表 4-6　　　　　　　　　　　淮南 HN106 煤矿物组成和粒度分布结果　　　　　　　　单位：%

Category	粒径/μm								Totals
	0.5～1	1～2.2	2.2～4.6	4.6～10	10～22	22～46	46～100	100～211	
Quartz	0.01	0.17	0.27	0.24	0.10	0.00	0.00	0.00	0.79
Iron Oxide	0.00	0.08	0.40	0.00	0.00	0.00	0.00	0.00	0.48
Periclase	0.00	0.00	0.00	0.06	0.00	0.00	0.00	0.00	0.06
Rutile	0.01	0.09	0.32	0.00	0.00	0.00	0.00	0.00	0.42
Alumina	0.02	0.09	0.06	0.26	0.19	0.00	0.00	0.00	0.62
Calcite	0.00	0.00	0.00	0.06	0.09	0.00	0.00	0.00	0.15
Kaolinite	1.00	8.13	11.70	15.12	6.66	6.93	3.32	2.45	55.31
Montmorillonite	0.01	0.04	0.07	0.10	0.00	0.20	0.00	0.00	0.42
K Al-silicate	0.10	0.82	1.22	1.78	0.94	1.92	2.46	2.56	11.80
Fe Al-silicate	0.00	0.12	0.09	0.16	0.00	0.17	0.00	0.00	0.54
Ca Al-silicate	0.00	0.01	0.00	0.00	0.00	0.00	0.00	0.00	0.01
Na Al-silicate	0.00	0.02	0.06	0.07	0.04	0.00	0.00	0.00	0.19
Aluminosilicate	0.00	0.04	0.00	0.00	0.00	0.00	0.00	0.00	0.04
Mixed Aluminosilicate	0.00	0.00	0.02	0.03	0.00	0.28	0.00	0.00	0.33
Pyrite	0.01	0.00	0.18	0.29	1.08	2.66	5.84	0.00	10.06
Pyrrhotite	0.00	0.05	0.00	0.05	0.00	0.00	0.00	0.00	0.10
Oxidized pyrrhotite	0.00	0.05	0.07	0.00	0.00	0.32	0.00	0.00	0.44
Gypsum	0.00	0.04	0.00	0.27	0.05	0.00	0.00	0.00	0.36
NaCl	0.01	0.02	0.02	0.04	0.00	0.00	0.00	0.00	0.09
KCl	0.00	0.02	0.03	0.02	0.05	0.00	0.00	0.00	0.12
Gypsum/Al-silicate	0.00	0.01	0.00	0.00	0.00	0.00	0.00	0.00	0.01
Si-Rich	0.00	0.00	0.01	0.05	0.00	0.00	0.00	0.00	0.06
Ca-Rich	0.00	0.01	0.10	0.00	0.00	0.00	0.00	0.00	0.11
Unknown	0.31	1.76	2.14	3.38	2.67	3.99	3.24	0.00	17.49
Totals	1.48	11.57	16.76	21.98	11.87	16.47	14.86	5.01	100.00

（6）淮南 HNP09 煤

淮南 HNP09 煤灰熔融温度较高，大于 1 600 ℃，在淮南煤中属灰熔融温度高的煤种。表 4-7 所示为 HNP09 煤的 CCSEM 矿物分析结果。从表 4-7 中可以看出：HNP09 煤主要含有石英、高岭石、白云石、黄铁矿、Ca、K-铝硅酸盐等。① 对于耐熔矿物高岭石含量高达83.46% 左右，蒙脱石含量低为 0.27%，K-铝硅酸盐含量为 1.42%，石英含量为 0.97%。② 对于助熔矿物黄铁矿、白云石含量、方解石含量皆低于 1.0%。该煤灰熔融温度高于1 600 ℃的主要原因是高岭石等耐熔矿物含量高，而助熔矿物含量极低。

表 4-7　　　　　　　　　　淮南 HNP09 煤矿物组成和粒度分布结果　　　　　　　　　单位:%

Category	粒径/μm								Totals
	0.5～1	1～2.2	2.2～4.6	4.6～10	10～22	22～46	46～100	100～211	
Quartz	0.03	0.17	0.13	0.29	0.22	0.13	0.00	0.00	0.97
Rutile	0.00	0.08	0.00	0.00	0.04	0.00	0.00	0.00	0.12
Alumina	0.26	0.22	0.12	0.11	0.00	0.00	0.00	0.00	0.71
Calcite	0.00	0.00	0.00	0.06	0.08	0.06	0.00	0.00	0.20
Dolomite	0.00	0.00	0.00	0.00	0.13	0.14	0.55	0.00	0.82
Ankerite	0.00	0.08	0.00	0.00	0.00	0.00	0.00	0.00	0.08
Kaolinite	1.92	12.58	15.28	33.29	14.89	1.09	2.43	1.98	83.46
Montmorillonite	0.02	0.00	0.00	0.13	0.12	0.00	0.00	0.00	0.27
K Al-silicate	0.03	0.08	0.29	0.36	0.21	0.00	0.45	0.00	1.42
Fe Al-silicate	0.00	0.00	0.00	0.04	0.07	0.00	0.00	0.00	0.11
Ca Al-silicate	0.00	0.04	0.03	0.28	0.15	0.09	0.00	0.00	0.59
Na Al-silicate	0.00	0.00	0.00	0.00	0.01	0.00	0.00	0.00	0.01
Pyrite	0.00	0.00	0.00	0.14	0.66	0.09	0.00	0.00	0.89
Apatite	0.00	0.00	0.00	0.14	0.22	0.00	0.00	0.00	0.36
Si－Rich	0.00	0.00	0.01	0.07	0.18	0.00	0.00	0.00	0.26
Unknown	0.65	3.39	2.30	2.68	0.17	0.33	0.21	0.00	9.73
Totals	2.91	16.64	18.16	37.59	17.15	1.93	3.64	1.98	100.00

（7）淮南 XM 煤

淮南 XM 煤灰熔融温度相对较低,小于 1 350 ℃,可直接应用于德士古水煤奖汽化装置。该煤的矿物组成分析结果见表 4-8。从表 4-8 中可以看出:XM 煤主要含有石英、高岭石、氧化铝、氧化铁、方解石、白云石、黄铁矿、磁黄铁矿、铁白云石、石膏、蒙脱石、K-铝硅酸盐等矿物。① 对于耐熔矿物,高岭石含量较低,仅为 32.68% 左右;蒙脱石含量为 7.10%;K-铝硅酸盐含量为 8.79%;石英含量为 4.30%。② 对于助熔矿物,黄铁矿含量为 10.53%,磁黄铁矿为 1.07%,白云石含量为 1.37%,方解石含量 1.79%,氧化铁含量为 1.58%,铁白云石含量为 0.49%,石膏含量为 5.55%。从主要矿物组成含量来看,该煤的成煤环境与其他淮南煤有较大差异。高岭石、蒙脱石含量低,而其他助熔矿物含量高是该煤灰熔融温度低的主要原因。

表 4-8　　　　　　　　　　淮南 XM 煤矿物组成和粒度分布结果　　　　　　　　　单位:%

Category	粒径/μm								Totals
	0.5～1	1～2.2	2.2～4.6	4.6～10	10～22	22～46	46～100	100～211	
Quartz	0.04	0.44	0.96	0.33	0.34	0.60	0.67	0.92	4.30
Iron Oxide	0.00	0.07	0.00	0.06	0.00	0.13	0.35	0.97	1.58
Alumina	0.00	0.10	0.03	0.07	0.00	0.06	0.11	0.00	0.37

续表4-8

Category	粒径/μm								Totals
	0.5～1	1～2.2	2.2～4.6	4.6～10	10～22	22～46	46～100	100～211	
Calcite	0.00	0.00	0.10	0.05	0.00	0.23	1.02	0.39	1.79
Dolomite	0.00	0.00	0.00	0.00	0.03	0.20	1.14	0.00	1.37
Ankerite	0.00	0.04	0.00	0.02	0.00	0.09	0.40	0.00	0.55
Kaolinite	0.10	1.93	3.24	2.30	3.16	5.32	9.33	7.30	32.68
Montmorillonite	0.02	0.15	0.15	0.15	0.37	0.75	3.56	1.95	7.10
K Al-silicate	0.00	0.00	0.28	0.02	0.14	1.42	6.27	0.66	8.79
Fe Al-silicate	0.01	0.00	0.01	0.04	0.03	0.11	0.27	0.00	0.47
Ca Al-silicate	0.00	0.00	0.00	0.00	0.02	0.02	0.00	0.00	0.04
Aluminosilicate	0.00	0.00	0.00	0.02	0.23	0.02	0.00	0.00	0.27
Mixed Aluminosilicate	0.00	0.00	0.00	0.00	0.00	0.05	0.00	0.00	0.05
Fe silicate	0.00	0.03	0.02	0.00	0.00	0.00	0.00	0.00	0.05
Ca Aluminate	0.01	0.00	0.01	0.04	0.00	0.00	0.00	0.00	0.06
Pyrite	0.00	0.08	0.00	0.00	0.21	2.90	5.42	1.92	10.53
Pyrrhotite	0.00	0.00	0.00	0.00	0.02	0.17	0.87	0.00	1.06
Oxidized pyrrhotite	0.00	0.00	0.00	0.00	0.07	0.00	0.15	0.00	0.22
Gypsum	0.00	0.08	0.19	0.04	0.09	1.98	2.85	0.32	5.55
NaCl	0.00	0.00	0.07	0.00	0.00	0.00	0.00	0.00	0.07
Gypsum/Al-silicate	0.02	0.02	0.11	0.16	0.03	0.07	0.00	0.00	0.41
Si-Rich	0.01	0.05	0.00	0.15	0.02	0.09	0.15	0.00	0.47
Ca-Rich	0.00	0.00	0.00	0.00	0.01	0.06	0.00	0.00	0.07
Unknown	0.36	3.09	2.59	5.40	2.34	2.31	4.76	1.25	22.10
Totals	0.57	6.12	7.76	8.85	7.12	16.58	37.32	15.68	100.00

4.6.2　淮南煤矿物组成比较

通过对表 4-2 至表 4-8 的研究可以看出:淮南煤的矿物组成包括以下几类:高岭石、蒙脱石、石英、黄铁矿、方解石、白云石、未知组成和其他矿物。含量最为丰富的矿物为铝硅酸盐黏土矿物和石英,占到煤中矿物的 60% 以上。XM 和 HN115 煤灰流动温度低于 1 400 ℃,其高岭石含量相对较低(小于 50%)。而高岭石含量超过 80% 以上的煤,其煤灰流动温度超过 1 600 ℃,如 HNP09 煤。高岭石 $[Al_2Si_2O_5(OH)_4]$ 的化学结构式有微小的变化,其熔融过程生成包含莫来石晶体的铝硅酸盐液体。纯高岭石受化学性质的限制,在其结构中没有钾、钠、钙阳离子的存在,因此其熔融比其他黏土矿物的慢。淮南煤灰熔融温度在很大程度上与煤中高岭石矿物和含有钾、钠、钙阳离子黏土矿物含量有关。

淮南煤中石英的含量在 1.0%～7.0% 之间。在煤灰熔融过程中,石英开始缓慢熔融于铝硅酸盐的结构之中,虽然小的石英颗粒容易融化并很容易进入熔渣之中,但大颗粒石英仍然以固态形式存在熔体中。固态和没有发生相变的石英存在将使熔渣黏度增加,并阻碍煤中其他矿物质的熔融。在熔融过程中,石英导致铝硅酸盐液体局部富含硅,使灰渣黏度增大、扩散速率降低。作为淮南煤中的主要矿物含量之一的石英矿物及其粒度分布是淮南煤高灰熔融性趋势的另一原因。

淮南煤中碳酸盐矿物主要是方解石[$CaCO_3$],并伴有少量的白云石[$CaMg(CO_3)_2$]和铁白云石[$Ca(Mg,Fe,Mn)(CO_3)_2$]。淮南煤中菱铁矿的含量很低。淮南煤的方解石和白云石的含量变化范围在 0.16%(HN106)到 11.57%(HN119)之间。两种灰熔融温度在 1 400 ℃(HN115)到 1 500 ℃(HN119)的淮南煤,其方解石和白云石的含量皆大于 10.0%。碳酸盐矿物以固相溶液的形式存在,因此其组成会发生变化。碳酸盐一般在煤化过程中形成,成典型的脉状分布。方解石中的钙与黏土矿物相互作用生成部分富钙的铝硅酸盐颗粒,从而降低煤灰熔融温度。

其他重要的非硅酸盐矿物(如黄铁矿)的含量变化范围在 HN113 的 0.73% 到 HN115 的 12.25% 之间。淮南煤中黄铁矿的变化反映了煤化过程中地质条件的不同。煤中黄铁矿对煤灰熔融过程有重要的影响。黄铁矿在较低的温度下就发生分解熔融。对于黄铁矿、方解石和白云石含量高的淮南煤,其煤灰熔融温度较低。

淮南煤中其他矿物的含量很少,一般单种矿物含量一般小于 1.0%,其总量小于 4.0%。微量矿物(如方镁石、钠铝石榴石、金红石、磷灰石和铝硅酸盐矿物)构成了煤灰中特有的化学组成,但对煤灰熔融性影响不大。

4.6.3 淮南煤与其他典型煤种矿物组成比较

选取三种灰熔融温度较低的淮南煤(煤灰流动温度小于 1 500 ℃),与安徽淮化集团德士古汽化使用的三种煤灰熔融温度小于 1 350 ℃ 典型煤种矿物组成进行比较。其结果见表4-9。由表 4-9 中可以看出:淮南 XM、HN115 和 HN119 煤与 G3、B1 和 H 煤所含主要矿物组成种类基本相同,但含量差别很大。煤灰熔融温度小于 1 350 ℃ 的外地煤和煤灰熔融温度大于 1 400 ℃ 的 HN115、HN119 煤相比较,其主要区别是高岭石含量低。例如,对于 B1煤和 G3 煤,高岭石含量低于 40%;对于 H 煤,虽然高岭石含量超过 50%,但黄铁矿、白云石、方解石含量高达 25%。由此可以得出:煤灰熔融温度是由煤中的矿物组成所决定,而非化学组成所决定。黏土矿物组成含量对煤灰熔融温度高低起决定性作用;黄铁矿、方解石和白云石含量对降低煤灰熔融温度起主导作用。

表 4-9　　　　　　　淮南煤矿物组成和与低灰熔融温度煤矿物组成比较　　　　　单位:%

矿物组成	XM	HN115	HN119	G3	B1	H
Quartz	4.29	6.00	4.10	10.06	14.75	3.66
Iron Oxide	1.58	0.65	0.00	3.56	0.04	0.09
Periclase	0.00	0.00	0.02	0.14	0.00	0.03
Rutile	0.00	0.44	0.03	0.00	0.00	0.00
Alumina	0.38	1.47	0.71	0.37	0.10	0.00
Calcite	1.79	5.93	11.57	2.27	9.46	1.50
Dolomite	1.37	4.93	0.60	2.02	4.39	4.88

矿物组成	XM	HN115	HN119	G3	B1	H
Ankerite	0.55	1.39	0.00	0.74	2.52	0.00
Kaolinite	32.67	50.15	67.63	40.19	25.38	52.29
Montmorillonite	7.10	1.01	0.51	4.52	1.70	2.04
K Al-silicate	8.79	2.86	0.00	11.61	0.78	4.07
Fe Al-silicate	0.47	0.34	0.00	1.29	0.28	3.43
Ca Al-silicate	0.05	0.67	0.19	2.00	0.17	0.37
Na Al-silicate	0.00	0.03	0.00	0.21	0.00	0.00
Aluminosilicate	0.28	0.14	0.05	0.22	0.00	0.00
Aluminosilicate	0.28	0.14	0.05	0.22	0.00	0.00
Mixed Aluminosilicate	0.05	0.05	0.00	1.04	0.15	0.21
Fe silicate	0.05	0.00	0.00	0.05	0.05	0.00
Ca silicate	0.06	0.13	0.00	0.13	0.16	0.19
Ca Aluminate	0.07	0.00	0.00	0.00	0.00	0.00
Pyrite	10.53	12.25	6.03	1.47	23.30	19.32
Pyrrhotite	1.07	0.00	0.00	0.00	1.00	0.09
Oxidized pyrrhotite	0.22	0.01	0.00	0.00	0.18	0.00
Gypsum	5.55	0.20	0.00	0.06	0.92	0.00
Apatite	0.00	0.13	0.00	0.08	0.00	0.00
Ca-Al-P	0.00	0.00	0.00	0.45	0.01	0.09
NaCl	0.07	0.00	0.00	0.00	0.00	0.00
KCl	0.00	0.13	0.00	0.00	0.00	0.00
Gypsum/Al-silicate	0.41	0.03	0.00	0.32	0.38	0.00
Si-Rich	0.48	0.15	0.22	0.63	0.88	0.18
Ca-Rich	0.07	0.11	1.55	0.47	0.58	0.03
Ca-Si Rich	0.00	0.00	0.00	0.12	0.14	0.60
Unknown	22.05	10.78	6.78	15.99	12.71	6.91
Totals	100.00	100.00	100.00	100.00	100.00	100.00

4.7　淮南煤矿物颗粒分布规律

4.7.1　淮南煤主要矿物组成随粒度累计分布规律

图 4-4、图 4-5 所示为利用 CCSEM 分析的淮南煤矿物颗粒大小的分布规律。图 4-2 表明:HN113、HN115、HN119 和 HN106 煤矿物颗粒大小的累计含量趋势基本一致,直径 10 μm 小颗粒含量高,约占 50%;KL1 和 XM 两种煤矿物颗粒累计含量趋势基本一致,小于 10 μm 的颗粒较少,仅为 20% 左右。不同煤的矿物颗粒大小分布是不同的,这对煤炭汽化

和燃烧过程的影响也将不同。

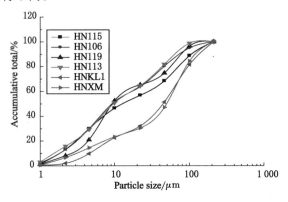

图 4-4 CCSEM 分析的淮南煤矿物颗粒大小的分布规律

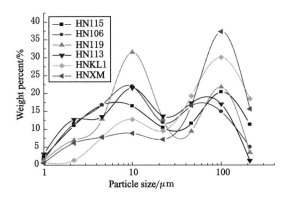

图 4-5 CCSEM 分析的淮南煤矿物颗粒大小的分布规律

　　图 4-4 表明:六种淮南煤矿物颗粒大小分布基本呈现双峰级配。直径小于 10 μm 矿物颗粒,随粒径增大含量逐渐增大,到直径为 10 μm 时达到峰值;随后随粒径增加呈现下降趋势,在 20~40 μm 含量达到最低点;然后,随直径增加,颗粒含量增加,在直径达到 100 μm 时,颗粒含量达到另一峰值。矿物颗粒的大小和组成对煤汽化过程中的矿物行为有重要的影响,同时颗粒大小对煤中矿物的熔融性有影响。

　　淮南煤主要矿物的颗粒累计分布规律如图 4-6 所示。① 由图 4-6(a)所示的淮南煤中石英矿物的颗粒累计分布规律可以看出:HN106 和 HN113 煤中石英的含量较少,石英的质量分数累计之和在 1.00% 左右。HN119、HN106 和 HN113 煤中均以小颗粒(<10 μm)的石英颗粒为主。KL1 煤中以大于 10 μm 颗粒石英颗粒为主,累计含量约为 3% 左右。XM 煤中石英的粒度分布均匀,其粒度分布随累计的质量分数近似成直线关系。在选择的六种煤中,HN115 煤中石英的质量分数最大,高达 6%。② 图 4-6(b)所示为六种煤样中的高岭石颗粒累计含量分布规律。六种煤中高岭石的含量差异较大,在 30%~70% 之间变化。HN115、HN119、HN113、HN106 煤中高岭石以小颗粒(<10 μm)为主,而 KL1 和 XM 煤中高岭石则以大颗粒(>10 μm)为主,随粒度增大高岭石累计含量呈现近似直线的上升趋势。③ 图 4-6(c)所示为六种煤中方解石的颗粒分布规律。HN119 煤中方解石的含量最高,约为 12%;HN115、HN113 煤中方解石含量较高,累计含量大于 6%,方解石矿物以大颗粒

（＞10 μm）为主；XM、KL1 煤中方解石的含量较少，其质量分数低于 4％，但是方解石矿物颗粒仍以大颗粒（＞10 μm）为主；HN106 煤中方解石含量极低，仅为 0.16％。④ 图 4-6(d) 所示为淮南煤中硅铝酸钾矿物的颗粒分布与其质量分数图，从图 4-6(d) 中可以看出：HN115 和 HN106 煤中硅铝酸钾矿物的颗粒分布均匀，其颗粒分布与累计的质量分数近似成直线关系，且 HN106 煤中硅铝酸钾矿物的含量最大，其质量分数为 12.0％，以＞10 μm 颗粒存在为主。KL1 和 XM 煤中硅铝酸钾矿物累计含量较高达到 8.0％，但其主要以大颗粒（＞10 μm）形式存在，小于 10 μm 硅铝酸钾矿物颗粒累计含量小于 1.0％。HN115 煤中硅铝酸钾矿物累计含量低，仅为 3.0％ 左右，且其主要以大颗粒（＞10 μm）形式存在。HN119 和 HN113 煤仅含有少量的硅铝酸钾。结合表 4-6 和表 4-7 可知，在两种煤中，粒度大于 22 μm 的硅铝酸钾占硅铝酸钾总矿物的百分数分别为 91％ 和 94％。⑤ 由图 4-6(e) 可以看出：黄铁矿主要以大颗粒（＞22 μm）的形式存在于六种淮南煤中。除 HN113 煤中黄铁矿含量为 1.0％ 左右以外，其他煤中黄铁矿含量在 3.0％～12.0％ 范围变化。结合表 4-2 至表 4-7 可以得出：六种煤中粒度大于 22 μm 黄铁矿占总黄铁矿的百分数在 90％ 以上。⑥ 从图 4-6(f) 可以看出：XM 煤含有大量的蒙脱石，且蒙脱石以大颗粒的形式存在为主。其余五种煤均只含有少量的蒙脱石矿物，其总量在 1.0％ 以下。

4.7.2　淮南煤主要矿物组成的粒度分布规律

图 4-7 所示为淮南煤样中六种主要矿物（高岭石、黄铁矿、石英、方解石、硅铝酸钾和蒙脱石）组成的粒度分布规律。① 图 4-7(a) 所示为六种淮南煤中石英矿物的颗粒分布规律。从图 4-7(a) 中可以看出：HN106 煤中石英矿物颗粒随直径增加呈现单峰分布的规律，石英矿物颗粒主要以＜10 μm 为主。在其余五种淮南煤中，石英随颗粒分布呈现双峰分布的规律，但峰的位置并不尽相同，结合表 4-2 至表 4-7 可以分析出：XM、KL1、HN113 煤中石英粒度在直径为 4.6 μm 处出现第一个峰，XM、KL1 煤中石英颗粒在直径为 211 μm 出现另一峰值，HN113 煤中石英粒度在直径为 46 μm 处出现另一峰值。HN115 煤中石英颗粒则分别在直径为 2.2 μm 和直径为 10 μm 出现两个峰。HN119 煤中石英颗粒则分别在直径为 10 μm 和直径为 46 μm 出现两个峰，这两种煤的石英矿物主要以小颗粒存在。② 图 4-7(b) 所示为六种淮南煤中高岭石的粒度分布规律。从图 4-7(b) 中可以看出：高岭石的粒度分布均呈现双峰的规律，但峰的位置并不尽相同。高岭石含量较高，这决定淮南煤中整个矿物颗粒分布的趋势。③ 方解石的粒度分布规律如图 4-7(c) 所示。除了 HN119 煤中方解石呈现两个明显的双峰外，其余五种煤中方解石均呈现单峰分布规律。④ 图 4-7(d) 所示为淮南煤中硅铝酸钾矿物粒度分布规律。从图 4-7(d) 中可以看出：HN106、HN115、KL1、XM 煤中硅铝酸钾矿物颗粒的分布呈现双峰分布的规律。⑤ 如图 4-7(e) 所示，在六种淮南煤中，黄铁矿颗粒的分布均呈现单峰的规律。黄铁矿在煤中主要以大颗粒形式存在，在直径为 100 μm 处为峰的最高点。⑥ 图 4-7(f) 所示表明：蒙脱石在六种淮南煤中分布均呈现单峰的规律，但峰的位置不同。XM 煤中蒙脱石矿物的含量最高，且直径为 100 μm 时蒙脱石颗粒含量最大。

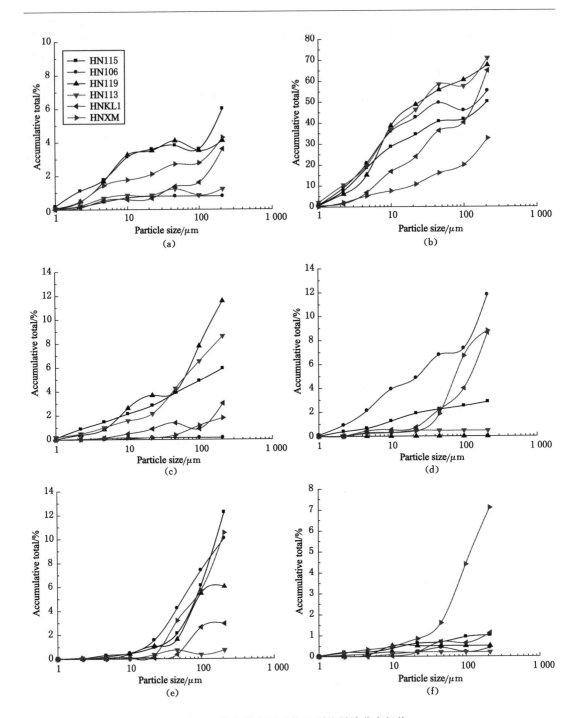

图 4-6 淮南煤主要矿物的颗粒累计分布规律

(a) Quartz；(b) Kaolinite；(c) Calcite；

(d) K Al Silicate；(e) Pyrite；(f) Montmorillonite

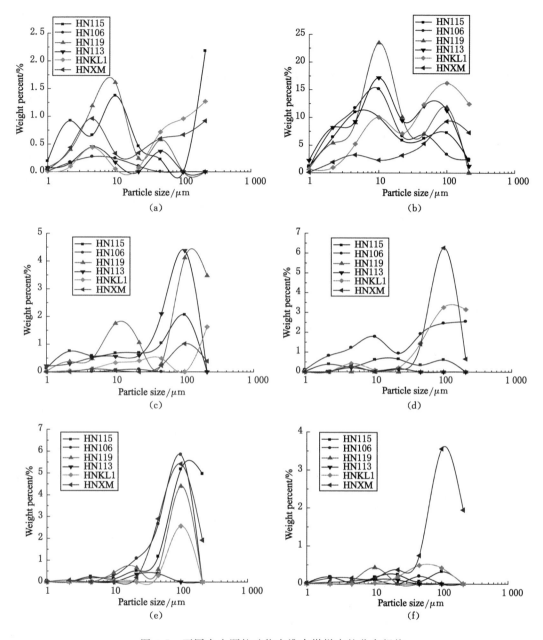

图 4-7　不同大小颗粒矿物在淮南煤样中的分布规律

（a）Quartz；（b）Kaolinite；（c）Calcite；

（d）K Al Silicate；（e）Pyrite；（f）Montmorillonite

4.8　本 章 小 结

利用 CCSEM 可以提供矿物大量的微观结构和化学组成信息，并通过这些信息可以解释矿物的性质和预测矿物的行为。淮南煤的矿物组成包括高岭石、蒙脱石、石英、黄铁矿、方解石、白云石、未知组成和其他微量矿物。铝硅酸盐黏土矿物和石英含量占淮南煤中矿物的60％以上，是导致淮南煤灰流动温度高的主要原因，淮南煤中方解石和白云石的含量较少，范围在0.16％～11.57％之间，黄铁矿的含量范围在0.73％～12.25％之间。HN115、XM与其他高灰熔融性淮南煤的显著区别是煤中黏土矿物、黄铁矿和方解石的含量不同。HN115和XM的黏土矿物含量低，方解石和黄铁矿的含量高，所以煤灰熔融性较好，高岭石含量愈高的淮南煤，其煤灰熔融温度也呈现愈高的趋势。

与三种灰熔融温度较低的外地典型煤种(煤灰熔融温度小于1 350 ℃)相比，淮南煤与G3、B1和H煤所含主要矿物组成种类基本相同，但含量差别很大，主要区别是高岭石和其他黏土矿物含量，黏土矿物组成含量对于煤灰熔融温度高低起决定性作用，黄铁矿、方解石和白云石含量对降低煤灰熔融温度起主导作用。煤灰熔融温度是由煤中的矿物组成所决定，而非化学组成所决定。

淮南煤中高岭石、石英矿物的粒度呈现双峰分布的规律。但峰的位置并不尽相同，因高岭石含量较高，其决定淮南煤中整个矿物颗粒分布的趋势，煤中矿物颗粒直径分别在10 μm和100 μm左右时达到峰值。蒙脱石、方解石和黄铁矿颗粒的分布呈现单峰分布的规律，黄铁矿在煤中主要以大颗粒形式存在，粒度为100 μm的处为峰的最高点。矿物颗粒的大小和组成对煤汽化过程中的煤灰的化学行为、熔融特性和飞灰黏附特性都会产生重要的影响。

参 考 文 献

[1] Wells J J, Wigley F, Foster D J. The nature of mineral matter in a coal and the effects on erosive and abrasive behaviour[J]. Fuel Processing Technology, 2005, 86(5):535-550.

[2] Vincent R G. Prediction of ash fusion temperature from ash composition for some New Zealand coal [J]. Fuel, 1987, 66(9):1230-1239.

[3] Kucukbayrak S, Ersoy M A, Haykiri A H. Investigation of the relation between chemical composition and ash fusion temperatures for some Turkish lignites[J]. Fuel Science and Technology International, 1993,11(9):1231-1249.

[4] Llyod W G, Riley J T, Zhon S. Ash fusion temperatures under oxidizing conditions[J]. Energy Fuels, 1993, 7(4): 490-494.

[5] Seggiani M. Empirical correlations of the ash fusion temperatures and temperature of critical viscosity for coal and biomass ashes[J]. Fuel, 1999, 78(9):1121-1125.

[6] Yin C, Luo Z, Ni M. Predicting coal ash fusion temperature with a back-propagation neural network model[J]. Fuel, 1998,77(15):1777-1782.

[7] Huffman G P, Huggins F E, Dunmyre G R. Investigation of the high temperature behavior of coal ash in reducing and oxidizing atmospheres[J]. Fuel, 1981, 60(7):585-597.

[8] Goni Ch, Helle S, Garcia X, et al. Coal blend combustion: fusibility ranking from mineral matter composition [J]. Fuel, 2003, 82(16):2087-2095.

［9］Ward C R. Coal Geology and Coal Technology［R］. Melbourne：Blackwell Publisher，1984.

［10］Gupta R，Wall T F，Baxter L A. The impact of mineral impurities in solid fuel combustion［R］. New York：Plenum Publisher，1999.

［11］Kondratiev A，Jak E. Predicting coal ash slag flow characteristics［J］. Fuel，2001，80(14)：1989-2000.

［12］Patterson J H，Hurst H J. Ash and slag qualities of Australian bituminous coals for use in slagging gasifiers［J］. Fuel，2000，79(14)：1671-1678.

［13］Qiu J R，Li F，Zheng Y. The influences of mineral behaviour on blended coal ash fusion characteristics［J］. Fuel，1999，78(8)：963-969.

［14］Qiu J R，Li F，Zheng C G. Mineral transformation during combustion of coal blends［J］. International journal of energy research，1999，23(5)：453-463.

［15］孙文娟,李寒旭.红外光谱分析淮南煤灰中矿物组成［J］.应用化工,2005,34(10)：644-646.

［16］Ojima J. Determining of crystalline silica in respirable dust samples by infrared spectrophotometry in the presence of interferences［J］. Journal of Occupational Health,2003，45(2)：96-103.

［17］李慧,李寒旭,焦发存.红外光谱分析助熔剂对煤灰熔融性的影响［J］. 现代仪器,2006,(1)：15-18.

［18］刘桂建,王俊新.煤中矿物质及其燃烧后的变化分［J］.燃料化学学报,2003,31(3)：215-219.

［19］Zygarlicke C J，Steadman E N. Advanced SEM techniques to characterize coal minerals［J］. Scanning Microse. Int,1990,4(2)：579-590.

［20］Benson S A，Hurley J P，Zygarlicke C J，et al. Predicting ash behavior in utility boilers［J］. Energy and Fuels，1993，7(6)：746-754.

［21］Yan L. CCSEM analysis of minerals in pulverized coal and ash formationmodeling［R］. Australia：University of Newcastle，2000.

第5章　助熔剂对淮南矿区煤灰熔融特性的影响

5.1 引　言

　　助熔剂在钢铁、陶瓷、玻璃等制造业和材料科学等研究领域都有广泛的应用。在连铸保护渣中加入碱土金属氧化物、碱土金属氢氧化物、氟化物等(称为助熔剂)来调整保护渣的熔化温度。由于保护渣在化学组成、基料选择和加工方法上的差异,助熔剂对熔化温度的影响程度不尽相同。在玻璃制造业中,采用锂作为玻璃和微晶玻璃的助熔剂,用以降低玻璃配合料的熔化温度,降低能源成本,提高玻璃质量。在玻璃配合料中引入锂辉石可提高熔化率,降低黏度。玻璃瓶罐、化妆品容器和餐具等制造厂一直使用锂辉石作为降低废品率从而减少单位成本和提高玻璃质量的手段。在玻璃纤维生产中,锂辉石可提高玻璃纤维的耐久性,提高玻璃纤维的产量,同时更符合环保要求。在耐热性微晶玻璃中,锂可赋予所需的热稳定性[1]。在陶瓷制造工艺中关键是解决无铅无镉助熔剂的问题;助熔剂的各种特性对陶瓷颜料性能有着直接的影响。助熔剂在材料科学领域里也有非常广泛的应用。

　　在煤化工领域,二宫善彦[2]对添加助熔剂改善煤汽化灰熔融特性进行了研究,并用原始矿物组成来解释高温相变及灰渣行为特征。Hurst[3]发现:大部分的煤添加质量小于煤重 3% 的石灰石即可满足要求;铁的氧化物和工业中含铁和钙的助熔剂比石灰石的效果更好,且在一些地区更经济一点;添加过石灰石助熔剂的澳大利亚煤铁含量低,并且熔渣的黏度不随煤灰成分的变化而变化。李帆等[4]采用助熔剂 CaO、Fe_2O_3 以及石灰石、硫酸渣按不同比例与煤灰混合,研究了其对重庆中梁山煤样和芙蓉矿煤样煤灰熔融温度的影响;其研究结果表明:① 在还原性气氛下,当 CaO 添加率为 10%～30% 时,煤灰熔融温度达到最低,下降大约 100 ℃;当 CaO 添加率超过 40% 时,灰熔融温度反而急剧上升;② Fe_2O_3 助熔剂可使煤灰熔融温度下降;③ 当添加剂大于 20% 时,两种煤样的灰熔融温度都收敛于 1 160 ℃左右;④ 石灰石、硫酸渣中起助熔作用的成分是 CaO 和 Fe_2O_3,其助熔行为与分析纯 CaO 和 Fe_2O_3 的基本一致。许志琴等[5]通过实验得出了以下结论:高温下煤灰中矿物质行为与煤中矿物组成及含量的关系较大;加热过程中煤灰中的矿物质将发生反应转化成各种硅酸盐矿物和复合氧化物,这些矿物质之间会产生低温共熔现象,使煤灰熔融温度下降。糜裕宏,李寒旭等[6-7]研究了添加助熔剂以降低高灰熔性淮南煤灰熔融温度,通过添加四种助熔剂及它们的复合物来降低高灰熔性淮南煤灰熔融温度,并利用红外光谱研究了助熔剂 Fe_2O_3 对煤灰熔融性的影响;其研究结果表明:添加助熔剂可以降低高灰熔性淮南煤灰熔融温度,且降低程度随助熔剂种类及用量的不同而变化很大,煤灰熔融特性与 Fe_2O_3 吸收峰的位置和强度有关。李慧等[8]通过对 AQ 煤添加 Fe_2O_3、CaO 和 MgO 助熔剂,研究了化学试剂对煤灰熔融温度的影响,其研究结果表明:

① 助熔剂 Fe_2O_3、CaO 和 MgO 均能有效降低 AQ 煤灰熔融特性温度；② Fe_2O_3、CaO 和 MgO 的助熔效果不相同——AQ 煤灰在 Fe_2O_3 质量分数为 32％左右、CaO 质量分数为 35％左右、MgO 质量分数为 14％左右时,煤灰熔融特性温度最低,超出此范围时,煤灰熔融温度会呈现上升趋势；③ 助熔剂的加入改变了煤灰的矿物组成；④ 在加热过程中,煤灰中矿物质之间将发生反应,生成各种硅铝酸盐矿物和复合氧化物,这些矿物质之间会产生低温共熔现象,从而降低煤灰熔融温度。

本章对 HN115、HN119、HN106、KL1 和 HN113 五种煤样,进行了添加助熔剂以降低灰熔融温度的实验研究,考察随助熔剂添加量的改变煤灰熔融温度的变化趋势,找出满足德士古工艺要求的适宜助熔剂及其添加范围。

5.2　实　验　部　分

5.2.1　助熔剂的选择及添加方案的设计

选用钙系、铁系和钠系助熔剂,分别用 ADC、ADF 和 ADN 表示。为提高助熔剂在添加过程中与煤样混合均匀,添加方案采取了水煤浆添加方式,即将煤样制成浓度为 70％左右的水煤浆,同时在搅拌过程中加入助熔剂。助熔剂添加量以煤基质量百分比和灰基质量百分比两种方式表示。其公式为：

（1）煤基质量百分比

$$wt_c\% = \frac{M_{助熔剂}}{M_{煤}} \times 100\%$$

（2）灰基质量百分比

$$wt_a\% = \frac{M_{助熔剂}}{M_{煤灰}} \times 100\%$$

两种基准的换算关系为：

$$wt_c\% = wt_a\% \times A_{ad}\%$$

5.2.2　煤灰熔融性实验

煤灰熔融性是在弱还原气氛下,在 5E-AFⅡ智能灰熔融温度测定仪中进行的。采用封碳法控制炉内的气氛。首先,在炉内添加 5～6 g 石墨粉,然后在其上面覆盖一层(5～6 g)活性炭以产生所需的弱还原性气氛。

具体实验步骤如下：

① 将 815 ℃灰化的煤灰在玛瑙研钵中研细至粒度在 0.1 mm 以下。

② 在煤灰中滴加适量浓度为 10％的糊精,用灰锥模具将其制成灰锥,并置于灰锥托板上,室温下干燥若干小时。

③ 启动 5E-AFⅡ智能灰熔融温度测定仪,并放入制好的灰锥,同时在炉膛内的刚玉舟内放入石墨和活性炭,以制造还原性气氛。

④ 打开测试软件,根据需要设置好系统主菜单后,开始测试。

⑤ 控制升温速度:900 ℃以前,为 15～20 ℃/min;900 ℃以后,为 5±1 ℃/min。

该测定仪器有自动和人工两种识别特征温度的方法。自动识别特征温度方法时根据程序内部设定好的参数,在升温过程中自动判断三个特征温度。人工识别特征温度方法具体为:(a) 变形温度(DT),锥体尖端开始变圆或弯曲时的温度;(b) 软化温度(ST),锥体弯曲至锥尖触及托板,锥体变球形或高度不大于底长的半球形时的温度;(c) 半球温度(HT),当灰锥变形至近似半球形即高等于底长的一半时的温度为半球温度;(d) 流动温度(FT),锥体完全熔化或展开成高度不大于 1.5 mm 的薄层时的温度。

5.3 数学模型建立

数据处理的一项十分重要的工作是寻找相关量之间的内在规律,即利用已知数据群确立经验或半经验的数学模型。常用的方法是将观测到的离散数据标记在平面图上,描成一条光滑的曲线(也包括直线或对数坐标下的直线等)。为了便于进一步分析运算,希望处理的曲线用简单的数学表达式加以描述(即用曲线拟合或是经验模型)。

实测数据关联成数学模型的方法,一般有以下几种情况。一种情况是有一定的理论依据,可以直接根据理论选择关联函数的形式,这种模型称为半经验模型,其工作要点在于参数估值。另一种情况是尚无任何理论可依据,但有一些经验公式可选择。例如,很多物性数据(热容、密度、饱和蒸汽压等)与温度的关系表示为:

$$F(T) = b_0 + b_1 T + b_2 T^2 + b_3 T^3 + b_4 \ln T^4 + b_5 / T$$

在没有任何经验可循的情况下,可将根据实验数据绘出的图形与已知函数图形进行比较,选择图形接近的函数形式作拟合模型。对于助熔剂添加量与灰熔融温度之间的数学模型,可通过上述方式建立。通过灰基助熔剂添加量表示方法,建立它与淮南煤灰熔融温度关系的数学模型,在模型中 y 表示煤灰熔融温度,x 表示灰基助熔剂添加量。

在选定关联函数的形式后,就是如何根据实验数据去确定所选关联函数中的待定系数。最常用的方法是线性最小二乘法。这种方法可用于处理一元或多元的线性模型。

① 一元线性模型:

$$y = a + bx$$

② 多元线性模型:

$$y = b_0 + b_1 x_1 + b_2 x_2 \cdots\cdots$$

最小二乘法计算方法:研究两个变量(x, y)之间的相互关系时,通常可以得到一系列成对的数据$[(x_1, y_1)、(x_2, y_2)\cdots\cdots(x_m, y_m)]$。将这些数据描绘在 x-y 直角坐标系中,若发现这些点在一条直线附近,可以令这条直线方程为:

$$\mu_{y_i} = a + bx_i \tag{5-1}$$

其中,a,b 是任意实数

将实测值 y_i 与利用式(5-1)计算值$(\mu_{y_i} = a + bx_i)$的离差$(y_i - \mu_{y_i})$的平方和 $\sum_{i=1}^{n} [y_i - \mu_{y_i}]^2$ 最小为"优化判据"。

令

$$Q = \sum_{i=1}^{n} [y_i - \mu_{y_i}]^2 \tag{5-2}$$

把式(5-1)代入式(5-2)中得：

$$Q = \sum_{i=1}^{n} \left[y_i - (a + bx_i) \right]^2 \tag{5-3}$$

当 $\sum_{i=1}^{n} \left[y_i - \mu_{y_i} \right]^2$ 最小时，可用函数 Q 对 a，b 求偏导数，令这两个偏导数等于零。

$$\begin{cases} \dfrac{\partial Q}{\partial a} = -2 \sum_{i=1}^{n} (y_i - a - bx_i) = 0 \\[3mm] \dfrac{\partial Q}{\partial b} = -2 \sum_{i=1}^{n} x_i(y_i - a - bx_i) = 0 \end{cases} \tag{5-4}$$

由此可得方程组：

$$\begin{cases} na + b \sum_{i=1}^{n} x_i = \sum_{i=1}^{n} y_i \\[3mm] a \sum_{i=1}^{n} x_i + b \sum_{i=1}^{n} x_i^2 = \sum_{i=1}^{n} x_i y_i \end{cases} \tag{5-5}$$

解这两个方程组得出：

$$\begin{cases} a = \dfrac{\sum_{i=1}^{n} y_i - b \sum_{i=1}^{n} x_i}{n} = \bar{y} - b\bar{x} \\[5mm] b = \dfrac{\sum_{i=1}^{n} x_i y_i - \dfrac{1}{n} \sum_{i=1}^{n} x_i \sum_{i=1}^{n} y_i}{\sum_{i=1}^{n} x_i^2 - \dfrac{1}{n} \left(\sum_{i=1}^{n} x_i \right)} = \dfrac{l_{xy}}{l_{xx}} \end{cases} \tag{5-6}$$

这时把 a，b 代入式(5-1)中，此时的式(5-1)就是回归的一元线性方程(即数学模型)。一元多次方程的建模原理同一元线性方程的。

回归方程的检验方法有两种：相关系数法和方差分析法。

（1）相关系数法

相关系数法就是求出回归方程的相关系数，与临界值进行对比。若计算值大于临界值，则说明两个变量不是独立变量，相关关系成立；否则，相关关系不成立。

相关系数 ρ 用下式求出，即：

$$\rho = \frac{l_{xy}}{\sqrt{l_{xx} l_{yy}}} \tag{式 5-7}$$

式中，l_{xy}、l_{xx}、l_{yy} 分别为：

$$l_{xx} = \sum_{i=1}^{n} x_i^2 - \frac{1}{n} \left(\sum_{i=1}^{n} x_i \right)^2 \tag{5-8}$$

$$l_{xy} = \sum_{i=1}^{n} x_i y_i - \frac{1}{n} \sum_{i=1}^{n} x_i \sum_{i=1}^{n} y_i \tag{5-9}$$

$$l_{yy} = \sum_{i=1}^{n} y_i^2 - \frac{1}{n} \left(\sum_{i=1}^{n} y_i \right)^2 \tag{5-10}$$

查表得 $\rho_{a,f}$，然后比较 ρ 与 $\rho_{a,f}$ 即可。

方差分析法是利用方差分析法对回归的方程的相关性进行检验的。回归方程显著性检验的方法是 F-检验。分子、分母分别为回归方差和剩余方差。

$$F = \frac{U/1}{Q/(n-2)} = \frac{S_{回}^2}{S_{剩}^2} \sim F_{\alpha,(1,n-2)} \tag{5-11}$$

$$U = bl_{xy} \tag{5-12}$$

$$Q = l_{yy} - U \tag{5-13}$$

其中，l_{xy}、l_{yy} 可通过公式(5-9)和式(5-10)求出。

若 $F \gg F_{\alpha,(1,n-2)}$，则说明回归方程显著;否则，x 和 y 之间不存在相关关系，x 和 y 为独立变量。计算完成后，绘出方差分析表，如表 5-1 所示。

表 5-1   方差分析表

方差来源	离差平方和	自由度	方差	F 值	F 临界值	显著性
回归	$U = bl_{xy}$	1	$S_{回}^2 = bl_{xy}$	$F = \dfrac{S_{回}^2}{S_{剩}^2}$	$F_{\alpha,(1,n-2)}$	
剩余	$Q = l_{xy} - U$	$n-2$	$S_{剩}^2 = \dfrac{Q}{n-2}$			

所以，相关系数的平方正好是回归平方和在总平方和里所占的比例，相关系数的绝对值越大，回归效果越好。因此，相关系数检验和方差分析的结论是一样的。

多元线性模型的方差检验方法原理同一元线性模型的方差检验方法。

5.4   ADC 对煤灰熔融温度影响

选用工业上常用钙系助熔剂 ADC,在不同添加量(灰基,％)条件下,分别考查了淮南煤 HN115、HN119($FT < 1\,500\,℃$)、KL1、HN113($1\,500\,℃ < FT < 1\,600\,℃$)、HN106($FT > 1\,600\,℃$)的煤灰熔融温度的影响规律。

5.4.1   ADC 对 HN115 煤灰熔融温度的影响

淮南 HN115 煤灰流动温度在 $1\,400\,℃$;从汽化炉的安全、经济角度来说,HN115 煤灰仍然需要添加助熔剂来降低煤灰流动温度,以满足汽化炉的操作要求。图 5-1 所示为添加 ADC 对 HN115 煤灰熔融温度的影响结果。

从图 5-1 可以看出,ADC 的添加量在低于 8％ 的范围内。随着 ADC 添加量增加,HN115 煤灰熔融温度(DT、ST、HT、FT)呈现上升趋势,煤灰流动温度从 $1\,400\,℃$ 上升至 $1\,450\,℃$;然后,随着 ADC 添加量继续增加,HN115 煤灰熔融温度迅速下降,当煤灰中 ADC 添加量达到 20％时,HN115 煤灰熔融温度降到 $1\,280\,℃$,达到最低点;随后,随着 ADC 添加量继续增加,HN115 煤灰熔融温度又呈迅速上升趋势,当 ADC 添加量达到 40％ 以上时,HN115 煤灰流动温度又超过原煤灰熔融温度($1\,400\,℃$)。由此可以总结得出还在原性气氛下,对于 HN115 煤灰来说,ADC 添加量过低和过高都将不利于降低煤灰熔融温度,不利于汽化过程的排渣;在 ADC 添加量为 20％ 左右时,煤灰熔融温度降至 $1\,280\,℃$,比较适合于煤汽化的炉温的操作控制和灰渣的排放。

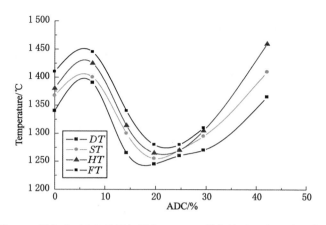

图 5-1　煤灰中 ADC 的添加量与 HN115 煤灰熔融温度的关系曲线

5.4.2　ADC 对 HN119 煤灰熔融温度的影响

在基本相同的条件下,对另外一种煤灰熔融温度(<1 500 ℃)的淮南 HN119 煤灰,进行了添加助熔剂 ADC 以降低煤灰熔融温度的研究,其研究结果见图 5-2。

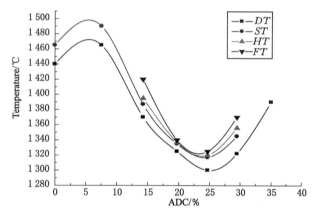

图 5-2　煤灰中 ADC 的添加量与 HN119 煤灰熔融温度的关系曲线图

从图 5-2 中可以看出,添加 ADC 助熔剂后,HN119 的煤灰熔融温度变化趋势与 HN115 煤灰熔融温度变化趋势相似;ADC 添加量在低于 8% 的范围内。随着 ADC 添加量增加,HN119 煤灰熔融温度呈上升趋势,HN119 煤灰流动温度由原来的 1 480 ℃升至大于 1 500 ℃;然后随着煤灰中 ADC 添加量继续增加,HN119 煤灰熔融温度迅速下降,当煤灰中 ADC 添加量达到 25% 时,HN119 煤灰熔融温度降到 1 320 ℃,达到最低点,HN119 在该温度范围可以应用于 Texaco 汽化。当 ADC 添加量继续增加到 30% 时,HN119 煤灰熔融温度又呈上升趋势,这与 ADC 对 HN115 煤灰的助熔趋势相一致。同样,对于 HN119 煤灰来说,在还原性气氛下,ADC 添加量过低和过高都将不利于降低煤灰熔融温度,不利于汽化过程的排渣,在 ADC 添加量为 25% 左右时,煤灰熔融温度降至 1 320 ℃,该温度较适合于煤汽化炉温的操作控制和灰渣的排放。

5.4.3 ADC 对 KL1 煤灰熔融温度的影响

利用 ADC 助熔剂,在不同添加量(灰基,%)条件下,考查了 KL1 煤灰熔融温度(>1 500 ℃)的影响规律,其结果如图 5-3 所示。

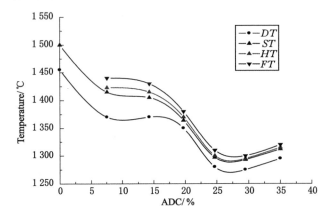

图 5-3　煤灰中 ADC 的添加量与 KL1 煤灰熔融温度的关系曲线

由图 5-3 中可以看出,当 ADC 的添加量小于 8% 时,KL1 煤灰熔融温度降低十分明显;当 ADC 添加量在 8%～15% 范围内变化时,ADC 对煤灰熔融温度的影响不大;当 ADC 添加量大于 15% 后,随着 ADC 添加量增加,KL1 煤灰熔融温度又呈现快速下降趋势,当 ADC 添加量达到 25%～30% 时,KL1 煤灰熔融温度降至最低(1 300 ℃);继续增大 ADC 的添加量,KL1 煤灰熔融温度呈现缓慢升高的趋势,这与 ADC 对 HN115、HN119 煤灰熔融温度影响规律相一致。

5.4.4 ADC 对 HN113 煤灰熔融温度的影响

HN113 煤灰熔融温度与 KL1 的一样,其熔融温度较高(1 500 ℃＜FT＜1 600 ℃),在 ADC 添加量为 0～15% 范围内,对其进行了降低煤灰熔融温度的研究,其研究结果见图 5-4。

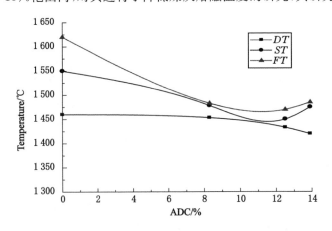

图 5-4　煤灰中 ADC 的添加量与 HN113 煤灰熔融温度的关系曲线

由图 5-4 中可以看出,ADC 在添加量小于 8％之前,HN113 煤灰熔融温度降低较为明显;当 ADC 添加量在 8％～15％范围内变化时,ADC 对煤灰熔融温度的影响不大,这与 KL1 煤灰熔融温度影响规律相一致。

5.4.5　ADC 对 HN106 煤灰熔融温度的影响

用 ADC 对高灰熔融温度淮南 HN106 煤灰(FT＞1 600 ℃)进行了降低煤灰熔融温度的研究,其研究结果如图 5-5 所示。从图 5-5 中可以看出,在 ADC 添加量小于 8％时,HN106 煤灰熔融温度下降非常迅速;在 ADC 添加量为 8％～15％范围内,HN106 煤灰熔融温度变化不明显;当 ADC 添加量大于 15％后,HN106 煤灰熔融温度下降十分迅速;当 ADC 添加量达到 25％～30％时,HN106 煤灰熔融温度降至最低,达到 1 300 ℃左右;当 ADC 添加量进一步增加至大于 30％后,HN106 煤灰熔融温度上升;当 ADC 添加量达到 42％左右,HN106 煤灰熔融温度上升到 1 500 ℃。在 ADC 添加量增加至大于为 15％时,HN106 煤灰熔融温度的整体变化趋势与 HN115、HN119、KL1 煤灰熔融温度的基本一致。

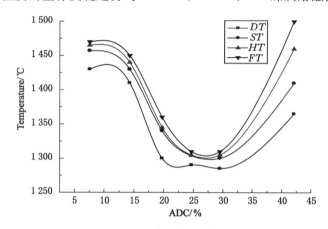

图 5-5　煤灰中 ADC 的添加量与 HN106 煤灰熔融温度的关系曲线

5.5　ADN 对煤灰熔融温度影响

选取了四种灰熔融温度小于 1 600 ℃的淮南煤,进行了添加 ADN(钠系助熔剂)降低煤灰熔融温度研究,其研究结果如图 5-6 所示。

由图 5-10 可以看出,ADN 助熔剂对淮南煤有显著的助熔作用。随 ADN 添加量增加,其对所选四种淮南煤灰熔融温度影响,基本呈线性下降变化规律。HN115 煤灰在 ADN 助熔剂作用下,其灰熔融温度呈线性下降趋势非常显著,灰基添加量为 4.2％时,煤灰熔融温度(FT)已经降至 1 320 ℃,可以满足 Texaco 汽化的要求,平均每添加 1％ADN,煤灰流动温度下降 21.4 ℃,远远大于文献值的 15.6 ℃[9],灰基添加量为 7％时,煤灰熔融温度(FT)已经降至 1 270 ℃,当添加量≤7％时,平均每添加 1％ADN,煤灰流动温度下降 20.0 ℃,在 ADN 加量为 11.1％时,灰熔融温度降至 1 220 ℃,平均每添加 1％ADN,煤灰流动温度下降 17.12 ℃,仍然高出文献值,可见添加 ADN 对 HN115 煤灰熔融作用十分显著。

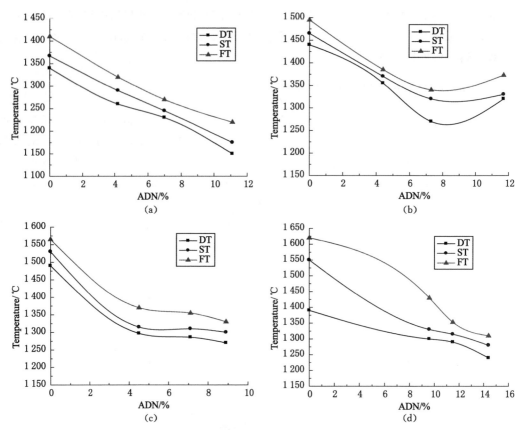

图 5-6　ADN 助熔剂加量与淮南煤灰熔融温度的关系曲线

(a) HN115；(b) HN119；(c) KL1；(d) HN113

对于 HN119 煤灰来说，在 ADN 助熔剂作用下，呈线性下降趋势非常明显，灰基添加量为 4.4％时，煤灰熔融温度已经降至 1 385 ℃，基本可以满足 Texaco 汽化的要求，平均每添加 1％ADN，煤灰流动温度下降 25 ℃，大于 HN115 煤灰的 21.4 ℃，比文献值的 15.6 ℃ 增加 70％以上[9]，灰基添加量为 7.3％时，煤灰熔融温度(FT)已经降至 1 340 ℃，完全可以满足 Texaco 汽化的要求，当添加量≤7.3％时，平均每添加 1％ADN，煤灰流动温度下降 21.2 ℃，与 HN115 煤灰平均每添加 1％ADN，煤灰流动温度下降 21.4 ℃相比，熔融温度的降低幅度基本一致，但当 ADN 的灰基加量＞7.3％时，继续增大 ADN 的加量至 11.1％，对 HN119 煤灰熔融温度作用不明显，甚至熔融温度有所上升。

对于 KL1 与 HN113 两种灰熔融温度 $FT>1\ 550$ ℃的煤，分别进行了添加 ADN 降低煤灰熔融温度的研究。对于 KL1 煤，添加 ADN 助熔剂后，其助熔效果十分明显，其结果如图 5-6(c)所示。当助熔剂 ADN 的灰基加入量为 4.5％时，FT 降至 1 370 ℃，低于 Texaco 汽化炉 1 380 ℃的操作温度，平均每添加 1％ADN，煤灰流动温度下降 43.3 ℃，较之 ADN 对 HN115 和 HN119 的助熔效果更为明显，继续加入 ADN，KL1 煤灰熔融温度继续下降，但下降幅度趋缓，当加入灰基 8.9％的 ADN 时，FT 值降低至 1 330 ℃，平均每添加 1％ ADN，煤灰流动温度下降 26.4 ℃，仍然比 ADN 对 HN115(21.4 ℃)和 HN119(25 ℃)的助熔效果好，可见加入助熔剂 ADN 对 KL1 煤灰熔融温度的助熔效果非常显著，对 KL1 煤来说,ADN 是一种高效助熔剂。

　　助熔剂 ADN 对 HN113 降熔效果也比较明显。随 ADN 的灰基添加量的增加,煤灰熔融温度呈线性下降趋势。当 ADN 添加量达到 11.5％时,HN113 的灰熔融温度降到 1 350 ℃左右,能够满足 Texaco 汽化炉液态排渣操作温度的要求。平均每添加 1％ADN,煤灰流动温度下降 23.2 ℃。ADN 对 HN113 助熔效果介于 ADN 对 HN115(21.4 ℃)和 HN119(25 ℃)的助熔效果之间。继续提高 ADN 助熔剂添加量,HN113 灰熔融温度仍有明显下降趋势。对于 HN113 来说,助熔剂 ADN 的理想添加量应小于 11.5％(灰基,％)。

5.6　ADF 对煤灰熔融温度影响

　　同样,选取了 HN115、HN119、HN106、KL1 四种灰熔融温度小于 1 600 ℃的淮南煤,进行了添加 ADF(铁系助熔剂)降低煤灰熔融温度研究,其研究结果如图 5-7 所示。从图 5-7(a)中可看出:ADF 助熔剂对淮南煤 HN115 有一定的降熔效果。从图 5-7(b)、(c)、(d)中可以直观看出:ADF 助熔剂对另外三种煤的三个特征温度降熔效果各不相同,但基本呈现线性下降的变化趋势。

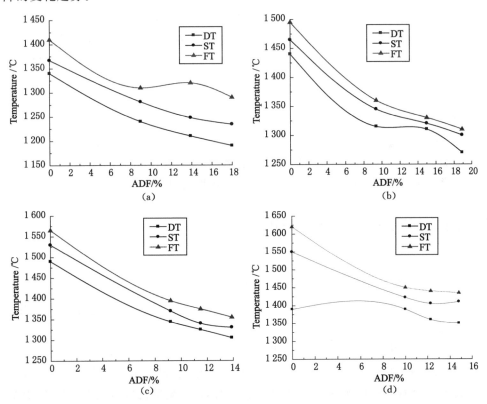

图 5-7　ADF 助熔剂加量与淮南煤灰熔融温度的关系曲线

(a) HN115;(b) HN119;(c) KL1;(d) HN113

　　对于 HN115 煤来说,其灰渣流动温度(FT)在 ADF 的灰基加量为 9％时,降至 1 310 ℃,可以满足 Texaco 水煤浆汽化要求,平均每添加 1％ADF,煤灰流动温度下降 11.1 ℃,小

于文献中 Fe_2O_3 含量每增加 1%,平均流动温度(FT)降低 12.7 ℃[9],当 ADF 添加量由 9% 增至 18%,煤灰熔融温度仅下降 20 ℃,ADF 在煤灰中的含量达到一定值后,其对煤灰熔融温度影响较小。在整个添加量范围区间,平均每添加 1%ADF,煤灰流动温度下降 6.7 ℃,远远小于文献值 12.7 ℃。相对其他两种助熔剂来说,添加量小于 10%(灰基)时,ADF 的助熔效果比 ADN 效果差,但比 ADC 效果好。

HN119 煤灰熔融温度在 ADF 灰基加量为 9.4% 时,降至 1 360 ℃,可以满足 Texaco 水煤浆汽化要求,平均每添加 1%ADF,煤灰流动温度下降 14.36℃,大于文献中 Fe_2O_3 含量每增加 1%,平均流动温度(FT)降低 12.7 ℃[9],随添加量由 9.4% 增加到 18.9%,煤灰熔融温度降至最低点 1 310 ℃,降温幅度为 50 ℃,在此区间内,平均每添加 1%ADF,煤灰流动温度仅下降 5.26 ℃,远远小于文献值 12.7 ℃,助熔效果明显趋缓。但总体来说,ADF 对 HN119 的助熔效果要好于对 HN115 的助熔效果,对于助熔剂来说,当添加量小于 10%,相同添加量的 ADF 助熔效果比 ADN 效果差,但比 ADC 效果好。

图 5-7 的(c)和(d)图分别是助熔剂 ADF 对 KL1 和 HN113 灰熔融温度影响趋势图,KL1 煤灰熔融温度随 ADF 助熔剂加量的增大呈线性下降趋势,当 ADF 的灰基加量为 11.5% 时,煤灰熔融温度降至 1 375 ℃,已达到 Texaco 汽化炉液态排渣的工艺要求,平均每添加 1%ADF,煤灰流动温度下降 16.52 ℃,远远大于文献中 Fe_2O_3 含量每增加 1%,平均流动温度(FT)降低 12.7 ℃。随 ADF 加量的进一步增大,其灰熔融温度继续下降,当 ADF 的灰基加量为 13.9% 时降至 1 355 ℃,在整个添加量范围内,平均每添加 1%ADF,煤灰流动温度下降 15.1 ℃,比文献值的 12.7 ℃大,由此可见,ADF 对 KL1 的助熔效果较好。

HN113 的变形温度 DT 在 ADF 的作用下变化不是很明显,在 ADF 的灰基加量小于 10% 时,煤灰流动温度降至 1 450 ℃,FT 温度显著下降,平均每添加 1%ADF,煤灰流动温度下降 17.0 ℃,大于文献中 Fe_2O_3 含量每增加 1%,平均流动温度(FT)降低 12.7 ℃,ADF 助熔剂添加量增大到 10% 以后,对煤灰的熔融温度影响较小,FT 下降趋势趋于平缓,14.8% 时降至 1 435 ℃,但并不能满足 Texaco 汽化炉的要求。

5.7 助熔剂助熔效果对比分析

5.7.1 同种助熔剂对不同种煤的助熔效果对比

首先,比较了 ADC 助熔剂对 HN115、HN106、HN119、HN113 和 KL1 五种淮南煤的助熔效果,结果见图 5-8。

由图 5-8 中可以看出,ADC 对五种淮南煤均表现出不同程度的助熔效果,在 0～42% 的添加量范围,ADC 对 HN115 和 HN119 煤灰熔融温度的影响趋势相似,经历了 ADC 的添加量在低于 8% 的范围内,随着 ADC 添加量的增加,煤灰熔融温度呈现上升趋势,其后随添加量增加煤灰熔融温度迅速下降,当煤灰中 ADC 的添加量在 20%～25% 的范围内时,煤灰熔融温度降至最低点,当 ADC 的添加量大于 30% 时,煤灰熔融温度又开始升高。HN106 和 KL1 煤灰的熔融温度随 ADC 添加量增加至 8%,煤灰熔融温度迅速下降至 1 450 ℃左右,其后,随 ADC 添加量增加到 8%～15%,煤灰熔融温度基本保持不变,但当添加量超过 15% 时,煤灰熔融温度又迅速下降,当煤灰中 ADC 的添加量在 25%～30% 的范围内时,煤

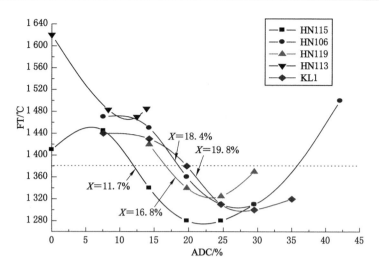

图 5-8　ADC 助熔剂对五种淮南煤的助熔效果对比曲线

灰熔融温度降至最低点,当 ADC 的添加量大于 30% 后,煤灰流动温度又开始升高。对于 HN115、HN106、HN119 和 KL1 四种煤来说,当 ADC 灰基添加量分别为 11.7%、18.4%、16.8% 和 19.8% 时,分别使 HN115、HN106、HN119 和 KL1 煤灰的熔融温度降到 1 380 ℃,达到了 Texaco 水煤浆汽化炉的液态排渣的要求温度。

其次,比较了助熔剂 ADN 对 HN115、HN119、HN113 和 KL1 四种淮南煤的助熔效果,结果见图 5-9。

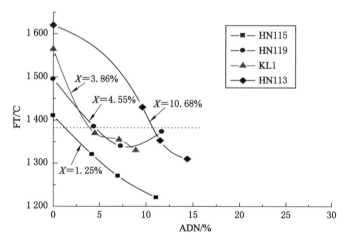

图 5-9　ADN 助熔剂对四种淮南煤的助熔效果对比

从图中可看出,ADN 助熔剂对淮南四种煤的助熔效果十分明显。在添加量小于 8% 时,对 HN115、HN119 煤降低灰流动温度的趋势十分相似,对 KL1 煤有极为显著的助熔效果,ADN 对 HN113 的助熔效果介于 HN115 和 HN119 之间。四种煤灰流动温度的助熔曲线与 1 380 ℃ 等温线的交点分别为 1.25%、3.86%、4.55% 和 10.68%,对于 HN115 煤,煤基和灰基两种表示方法的助熔剂加量都是最小的,HN119 和 KL1 煤所需 ADN 助熔剂的灰基加量相似,但煤基加量却是 KL1 比 HN119 高出许多。

图 5-10 是 ADF 助熔剂对四种淮南煤不同助熔效果对比结果,相对于其他两种助熔剂,ADF 对四种煤降低煤灰流动温度的趋势基本一致,但助熔曲线相对来说较为平滑,且呈线性下降趋势。HN115 煤的灰流动温度在 1.85%ADF 的助熔剂加量下降至 1 380 ℃。HN119 和 KL1 煤的灰流动温度也可分别在 7.53% 和 11.01% 的 ADF 灰基加量下降至 1 380 ℃。对于 HN119 煤来说,平均每添加 1%ADF,煤灰流动温度下降 14.36 ℃,对于 KL1 煤来说,平均每添加 1%ADF,煤灰流动温度下降 16.52 ℃,虽然 HN119 所需的煤基助熔剂加量为 0.9%,KL1 煤所需的煤基助熔剂加量为 0.8%,两者的煤基助熔剂加量相差不多,但由于 KL1 原煤灰流动温度高,ADF 助熔剂对 HN119 助熔效果比对 KL1 煤的效果差。

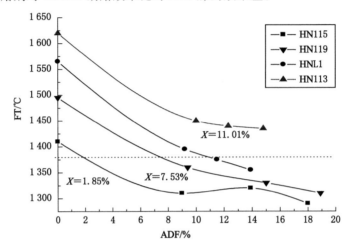

图 5-10　ADF 助熔剂对四种淮南煤的助熔效果对比

5.7.2　不同助熔剂对同种淮南煤灰熔融温度的助熔效果对比

将三种助熔剂对淮南煤灰流动温度 FT 的影响趋势线绘制在同一幅图中,以此来比较不同助熔剂的助熔效果,并在图中标出 Texaco 汽化炉操作炉温 1 380 ℃ 的等温线,可确定适合 Texaco 汽化工艺要求的助熔剂加量范围。

图 5-11 是三种助熔剂对 HN115 灰熔融温度影响的对比图,从图中可看出 ADN 和 ADF 助熔剂均可显著降低 HN115 煤灰流动温度,而 ADC 助熔剂的灰基加量在 0~8% 之间时,灰流动温度略有上升。三种助熔剂的影响趋势线与 1 380 ℃ 等温线的交点分别为 ADN%=1.25%,ADF%=1.85%,ADC%=11.7%,从而可确定适合 Texaco 汽化炉要求的助熔剂加量范围分别为 ADN%>1.25%,ADF%>1.85%,ADC%>11.7%。从而可知,三种助熔剂对 HN115 的助熔效果排列顺序是 ADN>ADF>ADC。

图 5-12 反映出三种助熔剂对 HN119 煤灰熔融温度的不同影响趋势,相比之下仍然是 ADN 和 ADF 助熔剂具有较显著的降熔趋势,ADC 助熔剂的降熔趋势出现在 ADC 加量为 7.5% 以后。它们与 1380℃ 等温线的交点分别为 ADN%=3.86%、ADF%=7.53%、ADC%=16.8%,然而当 ADN 助熔剂加量大于 7.3% 以后,灰流动温度又有所上升,因此 ADN 助熔剂的最佳加量范围应在 4.5%~7.3% 之间。对于 HN119 来说,在 16.8% 助熔剂加量以前,助熔剂的助熔效果排列顺序是 ADN>ADF>ADC。

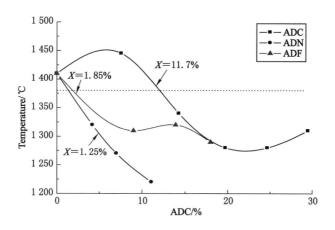

图 5-11　三种助熔剂对 HN115 灰熔融温度影响对比图

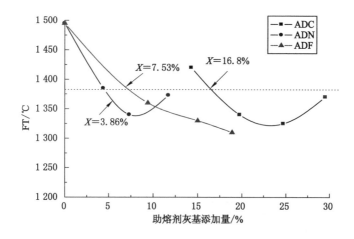

图 5-12　三种助熔剂对 HN119 灰熔融温度影响对比图

所选三种助熔剂对 KL1 煤的降熔效果均比较显著,这种趋势可从图 5-13 看出。与 HN115 和 HN119 不同的是,ADC 助熔剂对 KL1 煤的助熔效果比较突出,在 ADC 的灰基加量为 19.8％时,降熔幅度约达到 200 ℃。ADN 助熔剂的灰基加量为 4.55％时,KL1 的灰流动温度可降至 1 380 ℃。当灰基加量大于 6.0％以后,ADN 助熔剂继续保持降熔趋势。相比之下,ADF 助熔剂对 KL1 煤灰流动温度的助熔效果稍差一点,当 ADF 加量为 11.01％时才使得 KL1 煤灰流动温度降至 1 380 ℃。因此对于 KL1 来说,在助熔剂灰基加量小于 20％的范围内,助熔效果的排列顺序是 ADN＞ADF＞ADC。

图 5-14 是三种助熔剂对 HN113 煤灰熔融温度影响的对比图,在 9.5％助熔剂加量以前,三种助熔剂的降熔效果基本相近,只有 ADN 助熔剂在 10.68％的灰基加量时,将 HN113 的灰流动温度降至 1 380 ℃,继续增大 ADN 加量,HN113 的灰流动温度继续下降,在 ADN 的灰基加量为 14.4％时,灰流动温度降至 1 310 ℃,整体降熔幅度接近 300 ℃。而 ADC 助熔剂在 12.5％加量以后,使得 HN113 灰流动温度上升。因此对于 HN113 来说,三种助熔剂的助熔效果排列顺序是 ADN＞ADF＞ADC。

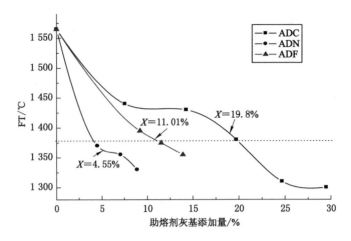

图 5-13　三种助熔剂对 KL1 灰熔融温度影响对比图

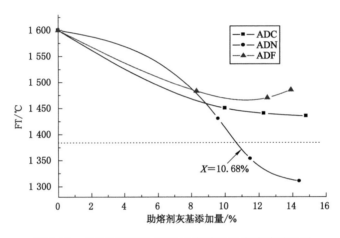

图 5-14　三种助熔剂对 HN113 灰熔融温度影响对比图

5.8　助熔剂添加量与淮南煤灰熔融温度关系数学模型建立

5.8.1　数学模型

根据数据建模原理,建立助熔剂添加量与淮南煤灰熔融温度关系数学模型。

以助熔剂 ADC 对 HN115 煤灰流动温度影响的数学模型为例,说明利用最小二乘法原则进行数学建模的过程。

$$\mu_{y_i} = a + bx_i + cx_i^2 + dx_i^3 \tag{5-14}$$

(由于样本的个数为 6,所以 $i = 1, 2, \cdots\cdots, 6$)。

实际得到的则是 y_i,实际值和理论值有偏差,即:$y_1 - \mu_{y_1}, y_2 - \mu_{y_2} \cdots\cdots y_6 - \mu_{y_6}$。

偏差平方和为:

$$Q = \sum_{i=1}^{6} (y_i - \mu_{y_i})^2 = \sum_{i=1}^{6} [y_i - (a + bx_i + cx_i^2 + dx_i^2)]^2 \tag{5-15}$$

欲使误差最小,则应满足

$$
\begin{cases}
\dfrac{\partial Q}{\partial a} = -2 \sum_{i=1}^{6} [y_i - (a + bx_i + cx_i^2 + dx_i^3)] = 0 \\[2mm]
\dfrac{\partial Q}{\partial b} = -2 \sum_{i=1}^{6} [y_i - (a + bx_i + cx_i^2 + dx_i^3)]x_i = 0 \\[2mm]
\dfrac{\partial Q}{\partial c} = -2 \sum_{i=1}^{6} [y_i - (a + bx_i + cx_i^2 + dx_i^3)]x_i^2 = 0 \\[2mm]
\dfrac{\partial Q}{\partial d} = -2 \sum_{i=1}^{6} [y_i - (a + bx_i + cx_i^2 + dx_i^3)]x_i^3 = 0
\end{cases}
\tag{5-16}
$$

由此可得方程组

$$
\begin{cases}
6a + b\sum_{i=1}^{6}x_i + c\sum_{i=1}^{6}x_i^2 + d\sum_{i=1}^{6}x_i^3 = \sum_{i=1}^{6}y_i \\[2mm]
a\sum_{i=1}^{6}x_i + b\sum_{i=1}^{6}x_i^2 + c\sum_{i=1}^{6}x_i^3 + d\sum_{i=1}^{6}x_i^4 = \sum_{i=1}^{6}x_i y_i \\[2mm]
a\sum_{i=1}^{6}x_i^2 + b\sum_{i=1}^{6}x_i^3 + c\sum_{i=1}^{6}x_i^4 + d\sum_{i=1}^{6}x_i^5 = \sum_{i=1}^{6}x_i^2 y_i \\[2mm]
a\sum_{i=1}^{6}x_i^3 + b\sum_{i=1}^{6}x_i^4 + c\sum_{i=1}^{6}x_i^5 + d\sum_{i=1}^{6}x_i^6 = \sum_{i=1}^{6}x_i^3 y_i
\end{cases}
\tag{5-17}
$$

代入数据得:

$$
\begin{cases}
6a + 95.77b + 2\,130.34c + 51\,749.41d = 8\,065 \\
95.77a + 2\,130.34b + 51\,749.41c + 1\,325\,342.42d = 125\,576.45 \\
2\,130.34a + 51\,749.41b + 1\,325\,342.42c + 35\,124\,784.88d = 2\,774\,636.06 \\
51\,749.41a + 1\,325\,342.42b + 35\,124\,784.88c + 953\,256\,766.74d = 67\,255\,709.86
\end{cases}
$$

解得

$$
\begin{cases}
a = 1\,413.103\,71 \\
b = 15.547\,07 \\
c = -2.081\,3 \\
d = 0.048\,91
\end{cases}
$$

所以助熔剂 ADC 对 HN115 煤灰流动温度影响的数学模型为:

$$y = 1\,413.103\,71 + 15.547\,07x - 2.081\,3x^2 + 0.048\,91x^3$$

(1) 助熔剂 ADC 对淮南煤灰流动温度影响的数学模型

对于 HN115 煤灰,

$$y = 1\,413.103\,71 + 15.547\,07x - 2.081\,3x^2 + 0.048\,91x^3 \qquad \rho = 0.973$$

对于 HN119 煤灰,

$$y = 1\,968.333\,3 - 55.338\,26x + 1.187\,87x^2 \qquad \rho = 0.999$$

对于 KL1 煤灰,

$$y = 1\,293.031\,92 + 34.661\,49x - 2.296\,74x^2 + 0.038x^3 \qquad \rho = 0.989$$

对丁 IIN113 煤灰，

$y = 1\ 620.234\ 76 - 26.807\ 95x + 1.212\ 61x^2 \qquad \rho = 0.998$

对于 HN106 煤灰，

$y = 1\ 413.446\ 2 + 18.879\ 28x - 1.649\ 61x^2 + 0.029\ 72x^3 \qquad \rho = 0.979$

（2）助熔剂 ADN 对淮南煤灰流动温度影响的数学模型

对于 HN115 煤灰，

$y = 1\ 400.756\ 17 - 17.175\ 99x \qquad \rho = 0.991$

对于 HN119 煤灰，

$y = 1\ 496.723\ 43 - 36.766\ 48x + 2.226\ 03x^2 \qquad \rho = 0.992$

对于 KL1 煤灰，

$y = 1\ 563.116 - 56.212\ 28x + 3.468\ 92x^2 \qquad \rho = 0.988$

对于 HN113 煤灰，

$y = 1\ 620.772\ 31 - 19.985\ 15x - 0.140\ 39x^2 \qquad \rho = 0.989$

（3）助熔剂 ADF 对淮南煤灰流动温度影响的数学模型

对于 HN115 煤灰，

$y = 1\ 407.735\ 37 - 12.749\ 48x + 0.368\ 62x^2 \qquad \rho = 0.933$

对于 HN119 煤灰，

$y = 1\ 480.493\ 01 - 9.860\ 79x \qquad \rho = 0.970$

对于 KL1 煤灰，

$y = 1\ 558.131\ 94 - 15.679\ 99x \qquad \rho = 0.989$

对于 HN113 煤灰，

$y = 1\ 610.419\ 38 - 13.387\ 57x \qquad \rho = 0.971$

由以上建立的助熔剂对淮南煤灰流动温度影响的数学模型可以看出，助熔剂 ADC 的添加量对淮南煤灰流动温度影响主要呈现非线性关系；助熔剂 ADN 的添加量对淮南煤灰流动温度影响也呈现非线性关系；而助熔剂 ADF 的添加量对淮南煤灰流动温度影响则基本呈现线性关系。

5.8.2　方差分析

为了验证上述线性拟合出数学模型的准确度，以及相关关系是否成立，根据方差分析原理，利用方差分析法对拟合出来的回归方程进行检验。

以助熔剂 ADC 对 HN115 煤灰流动温度影响建立的数学模型为例，说明利用 F 检验原则进行方差分析的过程。

助熔剂 ADC 对 HN115 煤灰流动温度影响建立的数学模型为：

$$y = 1\ 413.103\ 71 + 15.547\ 07x - 2.081\ 3x^2 + 0.048\ 91x^3$$

令 $x = A, x^2 = B, x^3 = C$

则上述拟合方程可写为：

$$y = 1\ 413.103\ 71 + 15.547\ 07A - 2.081\ 3B + 0.048\ 91C$$

对回归方程的整体有效性进行检验。在利用最小二乘法求得 a, b, c, d 之后，称 $\mu_{y_i} = a + bA_i + cB_i + dC_i$ 为回归值。回归值 $\mu_{y_1}, \mu_{y_2} \cdots\cdots \mu_{y_n}$ 的平均值也为 $\bar{y}$。

$$l_{yy} = \sum_{i=1}^{6}(y_i - \bar{y})^2 = \sum_{i=1}^{6}(y_i - \mu_{y_i} + \mu_{y_i} - \bar{y})^2 = \sum_{i=1}^{6}(y_i - \mu_{y_i})^2 + \sum_{i=1}^{6}(\mu_{y_i} - \bar{y})^2$$
$$= Q + U \tag{5-18}$$

由于 U 是 A，B，C 三个自变量的回归平方和，故其自由度是 3，从而 Q 的自由度是 $(n-1)-3 = n-4$。

由于样本的个数为 6，所以 $Q = 6 - 4 = 2$。

所以 F 检验统计量的计算公式为：

$$F = \frac{U/3}{Q/(n-4)} = \frac{2U}{3Q} \tag{5-19}$$

$$U = \sum_{i=1}^{6}(\mu_{y_i} - \bar{y}) = 23\ 300.72$$

$$Q = \sum_{i=1}^{6}(y_i - \mu_{y_i})^2 = 642.67$$

$$F = \frac{2U}{3Q} = 24.170\ 4$$

查表得：$F_{0.05}(3,2) = 9.55$，$F_{0.01}(3,2) = 30.8$，显然，回归效果显著，相关方程成立。

（1）助熔剂 ADC 对淮南煤灰熔融温度影响的数学模型的方差分析（见表 5-2）

表 5-2　　　　助熔剂 ADC 对淮南煤灰熔融温度影响的数学模型的方差分析

煤样	方差来源	离差平方和	自由度	方差	F 值	F 临界值	显著性
HN115	回归	23 300.72	3	7 766.91	24.17	$F_{0.05(3,2)} = 9.55$	*
	剩余	642.67	2	321.34		$F_{0.01(3,2)} = 30.8$	
HN119	回归	5 266.01	2	2 633.00	948.25	$F_{0.05(2,1)} = 18.5$	***
	剩余	2.776 7	1	1 062.73		$F_{0.01(2,1)} = 98.5$	
KL1	回归	19 108.12	3	6 369.37	62.33	$F_{0.05(3,2)} = 9.55$	**
	剩余	204.37	2	102.19		$F_{0.01(3,2)} = 30.8$	
HN113	回归	14 939.17	2	7 469.58	220.13	$F_{0.05(2,1)} = 18.5$	***
	剩余	33.93	1	33.93		$F_{0.01(2,1)} = 98.5$	
HN106	回归	3 450.16	3	11 513.38	31.51	$F_{0.05(3,2)} = 9.55$	**
	剩余	730.75	2	365.38		$F_{0.01(3,2)} = 30.8$	

（2）助熔剂 ADN 对淮南煤灰熔融温度影响的数学模型的方差分析（见表 5-3）

表 5-3　　　　助熔剂 ADN 对淮南煤灰熔融温度影响的数学模型的方差分析

煤样	方差来源	离差平方和	自由度	方差	F 值	F 临界值	显著性
HN115	回归	19 331.58	1	19 331.58	262.36	$F_{0.05(1,2)} = 18.5$	***
	剩余	368.423 3	2	184.21		$F_{0.01(1,2)} = 98.5$	
HN119	回归	13 464.09	2	6 732.04	65.59	$F_{0.05(2,1)} = 18.5$	*
	剩余	102.63	1	102.63		$F_{0.01(2,1)} = 98.5$	

煤样	方差来源	离差平方和	自由度	方差	F 值	F 临界值	显著性
KL1	回归	34 520.54	2	17 260.27	40.18	$F_{0.05(2,1)}=18.5$	*
	剩余	429.55	1	429.55		$F_{0.01(2,1)}=98.5$	
HN113	回归	55 806.49	2	27 903.25	45.73	$F_{0.05(2,1)}=18.5$	*
	剩余	610.22	1	610.22		$F_{0.01(2,1)}=98.5$	

（3）助熔剂 ADF 对淮南煤灰熔融温度影响的数学模型的方差分析（见表5-4）

表 5-4　　　　助熔剂 ADF 对淮南煤灰熔融温度影响的数学模型的方差分析

煤样	方差来源	离差平方和	自由度	方差	F 值	F 临界值	显著性
HN115	回归	7 912.38	2	3 956.19	7.03	$F_{0.05(2,1)}=18.5$	不显著
	剩余	562.63	1	562.63		$F_{0.01(2,1)}=98.5$	
HN119	回归	19 626.67	1	19 626.67	31.60	$F_{0.05(1,2)}=18.5$	*
	剩余	1 242.08	2	621.04		$F_{0.01(1,2)}=98.5$	
KL1	回归	27 243.98	1	27 243.98	86.35	$F_{0.05(1,2)}=18.5$	*
	剩余	631.017 4	2	315.51		$F_{0.01(1,2)}=98.5$	
HN113	回归	22 623.32	1	22 623.32	33.63	$F_{0.05(1,2)}=18.5$	*
	剩余	1 345.43	2	672.72		$F_{0.01(1,2)}=98.5$	

由以上方差分析结果可知，助熔剂对淮南煤灰熔融温度影响符合线性关系的线性回归方程准确，相关关系成立；ADC 助熔剂与煤灰流动温度之间的相关性与 ADN 和 ADF 助熔剂与煤灰流动温度之间的相关性较好。

5.9　本章小结

ADC、ADF、ADN 三种助熔剂均可不同程度降低淮南煤灰熔融温度。然而不同煤种，有不同的适用助熔剂及其最佳添加量。三种助熔剂对淮南煤灰的助熔效果的排列顺序基本上是 ADN＞ADF＞ADC。

ADC 对五种淮南煤均表现出不同程度的助熔效果。ADC 对 HN115 和 HN119 煤灰熔融温度的影响趋势相似，即随着助熔剂加量增加，煤灰熔融温度呈现上升、迅速下降和上升的变化趋势，这说明了 ADC 助熔剂助熔反应的复杂性。当 ADC 添加量在 20％～25％的范围内时，煤灰熔融温度降至最低点；当 ADC 添加量大于 30％时，煤灰熔融温度又开始升高。ADC 对 HN113 煤灰熔融温度的助熔效果不明显。

ADN 助熔剂对淮南四种煤的助熔效果十分明显。在 ADN 添加量小于 8％时，HN115、HN119 煤灰熔融温度呈线性下降趋势。ADN 对 KL1 煤灰有极为显著的助熔效果；当 ADN 添加量小于 8.9％时，平均每添加 1％ ADN，煤灰流动温度下降 26.4 ℃。ADN 助熔剂的灰基添加量分别为 1.25％、3.86％、4.55％和 10.68％时，HN115、HN119、KL1 和 HN113 四种煤灰熔融温度降到 1 380 ℃，满足 Texaco 气炉液态排渣操作温度的要求。

ADF 对四种煤灰降低熔融温度的趋势基本一致,且呈线性下降趋势。在不同的添加量范围,ADF 对不同淮南煤灰的熔融温度降低的程度有较大的差异。ADF 对 KL1 煤灰的助熔效果较好;当 ADF 的灰基添加量为 11.5% 时,KL1 煤灰熔融温度降至 1 375 ℃;平均每添加 1% ADF,KL1 煤灰流动温度下降 16.52 ℃。ADF 助熔剂对 HN113 煤灰流动温度助熔效果不显著。

利用多元线性回归原理,建立的助熔剂添加量与淮南煤灰流动温度关系数学模型,从数学模型可以看出,助熔剂对淮南煤灰流动温度的影响基本呈非线性变化规律。

(1) 助熔剂 ADC 对淮南煤灰流动温度影响的数学模型

① 对于 HN115 煤灰,

$$y = 1\,413.103\,71 + 15.547\,07x - 2.081\,3x^2 + 0.048\,91x^3 \qquad \rho = 0.973\,13$$

② 对于 HN119 煤灰,

$$y = 1\,968.333\,3 - 55.338\,26x + 1.187\,87x^2 \qquad \rho = 0.999\,47$$

③ 对于 KL1 煤灰,

$$y = 1\,293.031\,92 + 34.661\,49x - 2.296\,74x^2 + 0.038x^3 \qquad \rho = 0.989\,43$$

④ 对于 HN113 煤灰,

$$y = 1\,620.234\,76 - 26.807\,95x + 1.212\,61x^2 \qquad \rho = 0.997\,73$$

⑤ HN106 煤灰,

$$y = 1\,413.446\,2 + 18.879\,28x - 1.649\,61x^2 + 0.029\,72x^3 \qquad \rho = 0.979\,26$$

(2) 助熔剂 ADN 对淮南煤灰熔融温度影响的数学模型

① 对于 HN115 煤灰,

$$y = 1\,400.756\,17 - 17.175\,99x \qquad \rho = 0.990\,61$$

② 对于 HN119 煤灰,

$$y = 1\,496.723\,43 - 36.766\,48x + 2.226\,03x^2 \qquad \rho = 0.992\,43$$

③ 对于 KL1 煤灰,

$$y = 1\,563.116 - 56.212\,28x + 3.468\,92x^2 \qquad \rho = 0.987\,71$$

④ 对于 HN113 煤灰,

$$y = 1\,620.772\,31 - 19.985\,15x - 0.140\,39x^2 \qquad \rho = 0.989\,18$$

(3) 助熔剂 ADF 对淮南煤灰流动温度影响的数学模型

① 对于 HN115 煤灰,

$$y = 1\,407.735\,37 - 12.749\,48x + 0.368\,62x^2 \qquad \rho = 0.933\,61$$

② 对于 HN119 煤灰,

$$y = 1\,480.493\,01 - 9.860\,79x \qquad \rho = 0.969\,78$$

③ 对于 KL1 煤灰,

$$y = 1\,558.131\,94 - 15.679\,99x \qquad \rho = 0.988\,62$$

④ 对于 HN113 煤灰,

$$y = 1\,610.419\,38 - 13.387\,57x \qquad \rho = 0.971\,53$$

根据方差分析原理对拟合出来的回归方程进行显著性检验,其检验结果表明回归方程准确。

参 考 文 献

[1] 叶鼎铨.制造玻璃的高效助熔剂—锂矿物和碳酸锂[J].玻璃纤维,2000(2):42-44.

[2] Ninomiya Y., Sato A. Ash Melting Behavior under Coal Gasification Conditions [J]. Energy Converse,1997,38(10-13):1405-1412.

[3] Hurst H. J. Evaluation of the slagging characteristics of Australian bituminous coals for use in slagging gasifier[R]. 15th Annu. Int. Pittsburgh coal conf (Pittsburgh),1998:421-439.

[4] 李帆,郑瑛.煤灰助熔剂对灰熔融温度影响的研究[J].武汉城市建设学院学报,1997,14(1):23-27.

[5] 许志琴,于戈文,董众兵,等.助熔剂对高灰熔融温度煤影响的实验研究[J].煤炭转化,2005,3(28):22-25.

[6] 糜裕宏,李寒旭.添加助熔剂降低高灰熔性淮南煤灰熔融温度[J].安徽理工大学学报 2003,23(3):61-63.

[7] LI H X, QIU X S, TANG Y X. Ash melting behavior by Fourier transforms infrared spectroscopy[J]. Journal of China University of Mining and Technology,2008,18(2):245-249.

[8] 李慧,焦发存,李寒旭.助熔剂对煤灰熔融性影响的研究[J].煤炭科学技术,2007,35(1):82-84.

[9] 孙亦碌.煤中矿物杂质对锅炉的危害[M].北京:水利电力出版社,1994.

符 号 索 引

wt_c——助熔剂煤基质量百分比,%

wt_a——灰基质量百分比,%

DT——变形温度,℃

ST——软化温度,℃

HT——半球温度,℃

FT——流动温度,℃

y——因变量

x——自变量

ρ——相关系数

μ_{y_i}——在 i 点预测的煤灰熔融温度,℃

Q——剩余离差平方和

U——回归直线的离差平方和

$S_{回}^2$——回归直线的离差平方和

$S_{剩}^2$——剩余离差平方和

l_{xx}——自变量 x 平方和

l_{xy}——自变量 x 与函数值 y 乘积之和

l_{yy}——总平方和

A、B、C——自变量

a，b，b_0，b_1，b_2……b_n——回归方程系数

第6章　配煤对淮南煤灰熔融温度的影响

6.1　引　言

淮南煤可以制得高浓度水煤浆,但淮南煤灰熔融温度高,不能直接应用于 Texaco 水煤浆加压汽化;G3 煤虽然适用于 Texaco 水煤浆加压汽化,但其煤质不稳,制浆浓度低,严重制约正常的生产过程。若把淮南煤与 G3 煤和高硫煤配合使用用于汽化,则可为淮南煤的利用开辟一条新的途径。通过配煤方法来降低淮南煤灰熔融温度的研究具有十分重要的意义。通过配煤降低淮南煤灰熔融温度的意义为:① 改善淮南煤灰的高温流动性能,有效利用当地煤炭资源;② 为淮南煤的洁净利用、合理利用开辟一条新路;③ 推动淮南及其周边地区经济的发展。

动力配煤技术在我国的燃烧领域得到了广泛的应用[1,13-15]。采取配煤方式实现有效利用煤炭资源,在炼焦工业中已被广泛应用。在煤岩配煤、配型煤、炼焦配煤优化等方面,许多学者进行广泛的研究。实践证明配煤不仅扩大了炼焦煤资源,而且比单种煤炼焦更具有优越性。近年来,高炉喷吹燃料也从单一喷吹无烟煤转向喷吹烟煤和无烟煤的混合煤方向发展[6,16]。此外,国内学者在配煤制活性炭、配煤燃烧性能、配煤煤质分析,中、高硫煤配煤技术等方面进行了研究[6,7]。目前的优化配煤技术基本上都采用线性规划方案[8]。混煤与单煤的特性参数间只是简单的加权平均关系,而这种近似有时产生的误差很大[9,10]。并且现有配煤方案都是在满足几个约束条件的前提下,追求某一个目标最优[8,11,12],对配煤技术[17-22]中非加和性质(如可磨性指数 HGI、粒度组成、煤的燃烧和汽化反应性能、灰熔融性和黏温特性等)研究较少。

淮南煤属于高灰熔融性煤,不能直接应用于 Texaco 汽化炉。利用淮南矿区煤与其他灰熔融温度较低煤种配合,来降低煤灰熔融温度,改善灰渣流动特性是一种行之有效的措施。

6.2　实验部分

6.2.1　配煤方案的设计

选取了四种淮南煤 HN115、HN119、KL1、HN106 和三种外地煤 H、G3、B1 进行配煤研究。四种淮南矿区煤灰流动温度相对较高,不能直接在 Texaco 汽化炉中应用。而三种外地煤灰流动温度相对较低,为安徽淮化集团 Texaco 水煤浆汽化使用的主要煤种。通过四种典型淮南煤与三种外地煤相配,考查不同配煤比与煤灰熔融温度的关系,以期望能找出配

煤后煤灰熔融温度变化规律,为淮南煤在气流床汽化中应用提供理论依据。配煤比例计算公式为:

$$X = \frac{W_{(低灰熔点煤)}}{W_{(低灰熔点煤)} + W_{(淮南煤)}} \times 100\%$$ (6-1)

式中　X——低灰熔融温度煤配煤比例,wt%;

$W_{(低灰熔点煤)}$——低灰熔融温度煤质量,g;

$W_{(淮南煤)}$——高灰熔融温度淮南煤质量,g。

配煤灰比例计算公式为:

$$X_a = \frac{W_l(低熔点煤)}{W_l(低熔点煤) + W_h(淮南煤)} \times 100\%$$ (6-2)

式中　X_a——低灰熔融温度煤灰配入比例,wt%;

W_l——低灰熔融温度煤灰质量,g;

W_h——高灰熔融温度淮南煤灰质量,g。

6.2.2　实验方法的设计

煤灰熔融性温度的测定方法采用灰锥法。

实验是在弱还原性气氛下进行的,采用封碳法,即将一定量的木炭、石墨或无烟煤等含碳物质封入高温炉内。一般对于气疏性刚玉管,放入 15~20 g 石墨粉和 40~50 g 无烟煤;对于气密性刚玉管,放入 5~6 g 石墨粉。

实验步骤如下:

(1) 制样。将原煤在磨煤机中破碎,使之完全通过 100 目的标准筛。

(2) 配煤。将淮南煤与所要配入的煤样按不同比例(质量比)称取,放入玛瑙研钵中充分研磨,使两种煤混合均匀,备用。

(3) 烧灰。将配好的煤样根据 GB 212—77 测定灰分方法所规定的步骤和要求制成 815±10 ℃灰样。

(4) 制灰锥。取 1~2 g 煤灰放在瓷板或玻璃板上,用数滴 100 g/L 的糊精水溶液润湿,调成可塑状,用小刀铲入灰锥模中挤压成型。用小刀将模内灰锥小心地推至瓷板或玻璃板上,在空气中风干或 60 ℃下烘干备用。

测熔融温度根据 GB/T 219—1996 规定的方法进行。使用 5E-AFⅡ型智能熔融温度测定仪在弱还原性气氛下测定熔融特征温度。

6.3　配煤灰熔融温度数学模型建立

6.3.1　约束方程

假设有 n 种单煤,要配制 m 个技术指标的煤 P。设第 j 种单煤($j=1,2,\cdots,n$)经过分析出来的第 i 个技术指标($i=1,2,\cdots,m$)为 T_{ij},第 j 种单煤在配煤中的百分比为 X_j。如果用户对煤的第 i 个技术指标上限为 A_i,下限为 B_i,那么用 n 种煤配制的配煤的第 i 个技术指标必须在 A_i 和 B_i 之间,则有:$B_i < P_i < A_i$。

在实际工作中,对每一种煤的配比都有约束,

有:$L_{j1} < X_j < L_{j2}$;

其中 $L_{j1} > 0$,$L_{j2} < 1$。

另外,n 种单煤相配,配比之和必须正好达到 1,即

$$\sum_{j=1}^{n} X_j = 1$$

6.3.2 目标函数

一般情况下,在满足用户煤质要求的条件下,使配煤的成本最低,以获得最大的经济效益是企业追求的目标,即:

$$Z_{\min} = \sum_{j=1}^{n} C_j X_j$$

式中 $Z_{\min}$——最低成本;

C_j——单煤价格;

X_j——配煤比例。

或者用户对某一煤种的配煤比最大或最小,即:

$$Z_{\min} = X_j \text{ 或 } Z_{\max} = X_j$$

6.3.3 实际应用

根据 Texaco 汽化技术对煤质的要求以及从经济效益考虑,首先根据建立的线性规划数学模型,找到适合配煤灰熔融温度要求的模型;然后根据实际情况建立其非线性数学模型,以适应配煤灰熔融温度需要。相关数学模型为:

$$\sum_{j=1}^{n} FT_j X_j \leqslant 1\ 380\ ℃(配煤灰熔融温度应小于 1\ 380\ ℃,A\ 煤配比 < 40\%)$$

$$\sum_{j=1}^{n} X_j = 100\%\ (配煤比之和应为 100\%)$$

式中 FT——各单煤的流动温度;

X_j——配煤比例。

6.3.4 数学模型的建立

在实际配煤过程中,必须根据实测数据,通过回归分析,回归出配煤流动温度与配煤比例的关系。把实测数据关联成数学模型的方法,一般有以下两种情况:一种是有一定的理论依据,可以直接根据机理选择关联函数的形式。这种模型称为半经验模型,其工作要点在于参数估值。另一种情况是尚无任何理论可依据,但有一些经验公式可选择。例如,很多物性数据(热容、密度、饱和蒸汽压等)与温度的关系表示为:

$$F(T) = b_0 + b_1 T + b_2 T + b_3 T^3 + b_4 \ln T^4 + b_5 / T \tag{6-3}$$

当然,不一定公式中的六个系数都很重要,有的物性取公式中的前三、四项即可满足精度要求,这样可使模型更简单。

在没有任何经验可循的情况下,可将根据实验数据绘出图形与已知函数图形进行比较,

选择图形接近的函数形式做拟合模型。

在选定关联函数的形式后,就是如何根据实验数据去确定所选关联函数中的待定系数,其最常用的方法是线性最小二乘法。这种方法可用于处理一元或多元的线性模型。

(1) 一元线性模型

$$Y = A + BX \tag{6-4}$$

式中　X——自变量;

　　　Y——因变量;

　　　A,B——任意实数。

(2) 多元线性模型

$$Y = B_0 + B_1 X_1 + B_2 X_2 + \cdots\cdots \tag{6-5}$$

式中　X_1,X_2——自变量;

　　　Y——因变量;

　　　B_0,B_1,B_2——任意实数。

研究两个变量(X,Y)之间的相互关系时,通常可以得到一系列成对的数据$[(X_1,Y_1),(X_2,Y_2),\cdots,(X_m,Y_m)]$;将这些数据描绘在 X-Y 直角坐标系中,若发现这些点在一条直线附近,则可以令这条直线方程为:

$$Y_{计} = a_0 + a_1 X \tag{6-6}$$

其中,a_0、a_1为任意实数。

将实测值 Y_i 与利用式(6-6)计算值($Y_{计} = a_0 + a_1 X$)的离差$(Y_i - Y_{计})$的平方和$\left[\sum(Y_i - Y_{计})^2\right]$最小为"优化判据"。

令:

$$\varphi = \sum(Y_i - Y_{计})^2 \tag{6-7}$$

把式(6-6)代入式(6-7)中得:

$$\varphi = \sum(Y_i - a_0 - a_1 X_i)^2 \tag{6-8}$$

当 $\sum(Y_i - Y_{计})$ 的平方最小时,可用函数 φ 对 a_0、a_1 求偏导数,令这两个偏导数等于零。

$$ma_0 + \left(\sum X_i\right)a_1 = \sum Y_i \tag{6-9}$$

$$ma_0 + \left(\sum X_i\right)a_1 = \sum Y_i \tag{6-10}$$

亦即:

$$ma_0 + \left(\sum X_i\right)a_1 = \sum Y_i \tag{6-11}$$

式中,m 为样本个数。

$$\left(\sum X_i\right)a_0 + \left(\sum X_i^2\right)a_1 = \sum(X_i Y_i) \tag{6-12}$$

得到的两个关于 a_0、a_1 为未知数的两个方程组。解这两个方程组得出:

$$a_0 = \left(\sum Y_i\right)/m - a_i\left(\sum X_i\right)/m \tag{6-13}$$

$$a_1 = \left[\sum X_i Y_i - \left(\sum X_i Y_i\right)/m\right]/\left[\sum X_i^2 - \left(\sum X_i\right)^2/m\right] \tag{6-14}$$

这时把 a_0、a_1 代入式(6-6)中,此时的式(6-6)就是回归的一元线性方程,即数学模型。但直线的准确度如何? 相关关系成立吗? 在得到相关方程后,还必须对其线性进行检验。

回归方程的检验方法有两种:相关系数法和方差分析法。

(1)相关系数法就是首先求出回归方程的相关系数,然后与临界值进行对比。若计算值大于临界值,说明两个变量不是独立变量,相关关系成立;否则,相关关系不成立。

相关系数计算公式为:

$$\rho = \frac{l_{xy}}{\sqrt{l_{xx}l_{yy}}} \tag{6-15}$$

式中,l_{xy}、l_{xx}、l_{yy} 计算公式为:

$$l_{xx} = \sum_{i=1}^{n} x_i^2 - \frac{1}{n}\left(\sum_{i=1}^{n} x_i\right)^2 \tag{6-16}$$

$$l_{xy} = \sum_{i=1}^{n} x_i y_i - \frac{1}{n}\sum_{i=1}^{n} x_i \sum_{i=1}^{n} y_i \tag{6-17}$$

$$l_{yy} = \sum_{i=1}^{n} y_i^2 - \frac{1}{n}\left(\sum_{i=1}^{n} y_i\right)^2 \tag{6-18}$$

查表求得 $\rho_{\alpha,f}$,然后比较 ρ 与 $\rho_{\alpha,f}$,即可。

(2)F-检验法。回归方程显著性检验的方法是 F-检验。分子、分母分别为回归方差和剩余方差。

$$F = \frac{U/1}{Q/(n-2)} = \frac{S_{回}^2}{S_{剩}^2} \sim F_{\alpha,(1,n-2)} \tag{6-19}$$

$$U = bl_{xy} \tag{6-20}$$

$$Q = l_{yy} - U \tag{6-21}$$

式中　α——置信度;

　　　U——回归线上各点纵坐标的离差平方和,这个离差平方和是 x_i 的改变所引起的线性效应;

　　　Q——剩余离差平方和。

l_{xy}、l_{yy} 可通过式(6-17)和式(6-18)求出。

若 $F > F_{\alpha,(1,n-2)}$,则说明相关关系成立;否则,x 和 y 之间不存在相关关系,x 和 y 为独立变量。计算完成后,必须绘出方差分析表,如表 6-1 所示。

表 6-1　　　　　　　　　　方差分析表

方差来源	离差平方和	自由度	方差	F 值	F 临界值	显著性
回归	$U = bl_{xy}$	1	$F = \dfrac{S_{回}^2}{S_{剩}^2}$	$F = \dfrac{S_{回}^2}{S_{剩}^2}$	$F_{\alpha,(1,n-2)}$	
剩余	$Q = l_{yy} - U$	$n-2$	$S_{剩}^2 = \dfrac{Q}{n-2}$			

6.4　配煤对煤灰熔融温度影响分析

6.4.1　配煤对淮南煤灰熔融温度的影响

目前,大部分气流床操作温度控制在 1 400~1 500 ℃,而在实际操作过程中要求原料煤的流动温度低于汽化温度 50 ℃左右,所以以配煤流动温度降到 1 380 ℃为目标来确定低灰熔融温度煤的配入量。

(1) H 煤与淮南煤相配对煤灰熔融温度的影响

首先,选用了灰熔融温度较低、灰分含量也较低的 H 煤,进行配煤降低淮南煤灰熔融温度的研究,其结果见图 6-1。由图 6-1 中可以看出,随着 H 煤配比的增加,配煤煤灰熔融温度呈逐渐降低的趋势;配煤煤灰的流动温度随 H 煤配煤比例的增加,基本呈线性变化规律变化。

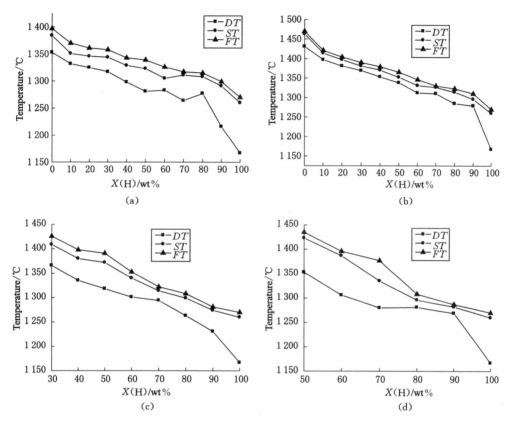

图 6-1　配煤灰熔融温度与 H 煤配比之间的关系
(a) HN115;(b) HN119;(c) KL1;(d) HN106

从图 6-1 (a)可以看出,由于 HN115 的流动温度较其他几种淮南煤的低。当 H 煤添加10%时,配煤流动温度降到 1 380 ℃以下,满足 Texaco 汽化炉的要求。在小于 10%的配煤比例范围内,平均每配入 1%的 H 煤,配煤灰熔融温度平均下降 2.7 ℃。其下降幅度较大。此后,随 H 煤配入比例增加,煤灰熔融温度下降趋缓。在 0 至 50%的配煤比例范围内,平均每配入 1%的 H 煤,配煤灰熔融温度平均下降 1.16 ℃。在 0 至 100%的配煤比例范围内,平均每配入 1%的 H 煤,配煤灰熔融温度平均下降 1.27 ℃。由此也可以看出,随配煤比例增加,配煤煤灰熔融温度基本呈线性下降变化规律。

图 6-1(b)所示为 H 煤与 HN119 相配时的煤灰熔融温度变化趋势。当 H 煤的配比为10%时,配煤相对于原料煤 HN119 的煤灰流动温度下降效果明显,达 49 ℃;平均每配入

1％的Ⅱ煤,配煤灰熔融温度平均下降4.9℃,下降幅度较大;当H煤的配比10％至100％时,配煤相对于原料煤HN119的煤灰熔融温度下降幅度变小,为151℃,平均每配入1％的H煤,配煤灰熔融温度平均下降1.68℃;当H煤的配比大于40％时,配煤流动温度才能降到1 380℃以下,满足Texaco汽化炉的运行要求。

图6-1(c)和(d)所示为H煤与KL1和HN106的配煤结果。对于KL1和HN106煤来说,H煤的配比分别达到20％、40％时,配煤灰熔融温度才能降至1 500℃以下。H煤的配煤比例对配煤灰熔融温度的影响,基本呈线性下降趋势。H煤分别与KL1和HN106相配,配煤比分别为60％和70％时,配煤灰熔融温度才能降至1 380℃,满足Texaco汽化炉的运行要求。

(2) G3煤与淮南煤相配对煤灰熔融温度的影响

G3煤为目前安徽淮化集团Texaco水煤浆汽化装置长期使用的煤种。选用灰熔融温度较高,同时灰分含量也较高的G3煤。对G3煤进行了配煤降低淮南煤灰熔融温度的研究,其结果见图6-2。由图6-2中可以看出,随着G3煤配比增加,配煤煤灰熔融温度呈逐渐降低的趋势。配煤煤灰的流动温度随G3煤配煤比例的增加,基本呈线性规律变化。

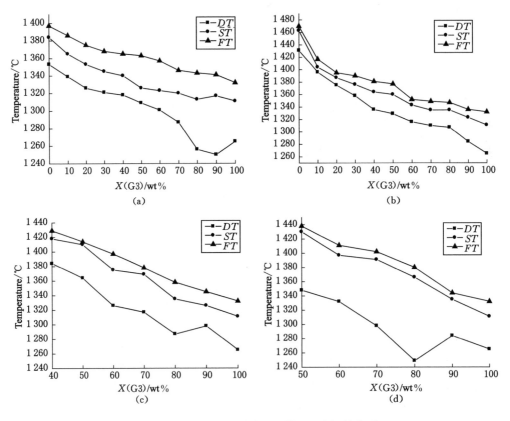

图6-2 配煤灰熔融温度与G3煤配比之间的关系

(a) HN115;(b) HN119;(c) KL1;(d) HN106

图6-2(a)所示为G3煤与HN115煤配煤结果。由于HN115的流动温度较其他几种淮南煤的低,G3配入比例为20％时,配煤流动温度降到1 380℃以下,满足Texaco汽化炉的

要求。在小于 10％的配煤比例范围内,平均每配入 1％的 G3 煤,配煤灰熔融温度平均下降 1.1 ℃,下降幅度较大。其后,随配煤比例增加,煤灰熔融温度下降趋缓。在 0 至 50％的配煤比例范围内,平均每配入 1％的 H 煤,配煤比 HN115 煤灰熔融温度平均下降 0.68 ℃。在 0 至 100％的配煤比例范围内,平均每配入 1％的 G3 煤,配煤灰熔融温度平均下降 0.65 ℃。由此可以看出,随配煤比例增加,配煤煤灰熔融温度基本呈线性下降变化规律。

图 6-2(b)所示为 G3 煤与 HN119 相配时的煤灰熔融温度变化趋势。当 G3 煤的配比为 10％时,配煤相对于原料煤 HN119 的煤灰熔融温度下降效果明显,达 63 ℃;平均每配入 1％的 G3 煤,配煤灰熔融温度比 HN119 煤灰熔融温度平均下降 6.3 ℃,下降幅度较大。当 G3 煤的配比 10％至 100％时,配煤相对于原料煤 HN119 的煤灰熔融温度下降幅度变小,仅为 85 ℃;平均每配入 1％的 G3 煤,配煤灰熔融温度比 HN119 煤灰熔融温度平均下降 0.94 ℃。当 G3 煤的配比大于 50％时,配煤流动温度才能降到 1 380 ℃以下,满足 Texaco 汽化炉的运行要求。

如图 6-2(c)和(d)所示,对 KL1 和 HN106 两种煤而言,其流动温度相对较高,均大于 1 500 ℃。G3 煤的配煤比例对于 KL1 和 HN106 煤来说,分别达到 20％、40％时,才能使得配煤灰熔融温度降至 1 500 ℃以下。G3 煤的配煤比例对配煤灰熔融温度的影响,符合基本呈线性下降趋势。G3 煤分别与 KL1 和 HN106 相配,配煤比分别为 60％和 75％时,配煤灰熔融温度才能降至 1 380 ℃,满足 Texaco 汽化炉的运行要求。

(3) B1 煤与淮南煤相配对煤灰熔融温度的影响

B1 煤熔融温度较低,煤中灰分含量不高,其降熔效果较明显。B1 煤与高灰熔融性温度的淮南煤 HN115、HN119、KL1、HN106 相配后,配煤灰熔融温度变化结果见图 6-3。

如图 6-3(a)和(b)所示,B1 煤与 HN115 相配时,B1 煤配入量为 10％时,即可使得配煤灰熔融温度降到 1 380 ℃以下。B1 煤与 HN119 相配时,B1 煤配入量为 20％时可以使得配煤灰熔融温度降到 1 380 ℃以下。B1 配煤配入比例在 0～100％范围内,配煤灰熔融温度随配煤比例增加而呈现线性下降规律。

图 6-3(c)所示为 B1 煤与 KL1 煤配煤灰熔融温度变化情况。当 B1 煤配比在 0～40％范围内,配煤灰熔融温度下降幅度较大,达 270 ℃。平均每配入 1％的 B1 煤,配煤灰熔融温度比 KL1 煤灰熔融温度平均下降 6.75 ℃,其助熔效果非常明显;而在 40％～50％时,灰熔融温度基本不变;在 B1 煤配比为 20％时,可以使得配煤灰熔融温度降到 1 380 ℃以下,满足液态排渣汽化炉的运行要求。

从图 6-3(d)可以看出,B1 煤在 HN106 中的配入比例达到 30％时,配煤流动温度降到 1 380 ℃以下。在 B1 配煤比例在 20％～100％范围内,配煤流动温度呈线性下降趋势,其降熔效果明显。平均每配入 1％的 B1 煤,配煤灰熔融温度平均下降 3.8 ℃。

6.4.2　配煤效果比较

(1) HN115 分别与 H、G3、B1 煤配煤效果比较

对 H、G3、B1 煤配煤降低 HN115 流动温度进行了比较,其结果如图 6-4 所示。从图中可以看出,尽管三种煤的灰分和流动温度各不相同,但是其与 HN115 配煤后流动温度的变化基本呈现线性下降的变化趋势。在 H、G3 和 B1 三种煤的配比小于 20％时,都可使得配煤灰流动温度降到 1 380 ℃以下。三种煤对 HN115 配煤助熔效果排序为:B1＞H＞G3。

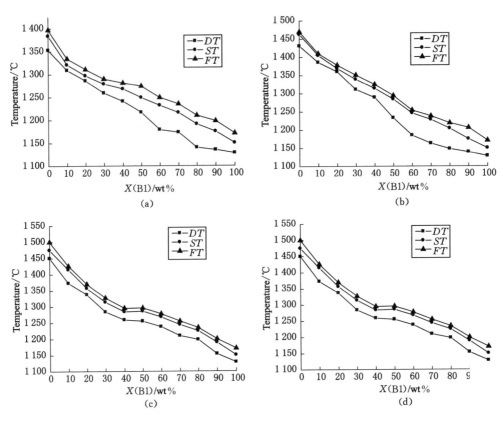

图 6-3　配煤灰熔融温度与 B1 煤配比之间的关系曲线

(a) HN115；(b) HN119；(c) KL1；(d) HN106

B1 煤与 HN115 配煤降低灰熔融温度效果最好，配入量小于 10% 时，配煤灰流动温度即可达到 Texaco 水煤浆汽化操作要求。

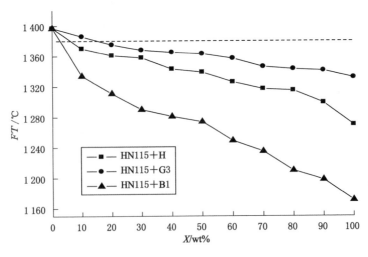

图 6-4　HN115 与 H、G3、B1 煤配煤效果比较

（2）HN119 与 H、G3、B1 煤配煤效果比较

对 H、G3、B1 煤配煤降低 HN119 流动温度进行了比较，其结果如图 6-5 所示。从图 6-5 中可以看出，三种煤与 HN119 配煤后流动温度的变化基本呈现线性下降的变化趋势，与 HN115 配煤后煤灰流动温度变化趋势基本一致。H、G3 两种煤的配比大于 40％时，配煤灰流动温度降到 1 380 ℃以下；B1 煤配比大于 20％时，配煤灰流动温度降到 1 380 ℃以下；对 HN119 配煤助熔效果排序为：B1＞H＞G3。在配煤比例达到 60％之前，H、G3 煤对 HN119 配煤助熔效果相差不大。B1 降低配煤灰流动温度效果最好，配入量达到 20％，配煤灰流动温度即可达到 Texaco 水煤浆汽化操作要求。

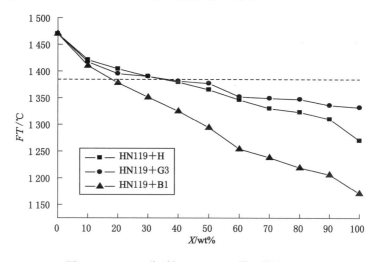

图 6-5　HN119 分别与 H、G3、B1 煤配煤效果比较

（3）KL1 与 H、G3、B1 煤配煤效果比较

对 H、G3、B1 煤配煤降低 KL1 流动温度进行了比较，其结果见图 6-6。从图 6-6 中可以看出，三种煤与 KL1 配煤后流动温度的变化基本呈现线性的变化趋势，与 HN119、HN115 配煤后煤灰流动温度变化趋势基本一致。B1 煤配比大于 20％，H 煤的配比大于 50％时，G3 煤配比大于 70％时，配煤灰流动温度降到 1 380 ℃以下。对 KL1 配煤助熔效果排序为：B1＞H＞G3。

（4）HN106 与 H、G3、B1 煤配煤效果比较

图 6-7 所示为三种外地煤分别与 HN106 配煤灰流动温度下降变化趋势。从图 6-7 中可以看出，HN106 与 B1 配煤灰流动温度呈现非线性变化趋势。B1 配入比例为 30％时，配煤熔融温度满足 Texaco 运行要求。HN106 与 G3、H 煤配煤降低流动温度效果不是很理想，H 煤配比为 70％时，G3 配比为 80％时，配煤熔融温度降到 1 380 ℃以下。对 HN106 配煤助熔效果排序为：B1＞H＞G3。

6.5　助熔剂对配煤煤灰熔融性影响

通过上述配煤研究结果比较，可以得出 B1、H 两种煤与淮南四种高熔融温度煤相配，可以在较低配比范围内，将配煤灰熔融温度降至 1 380 ℃以下，满足 Texaco 汽化炉的工艺要

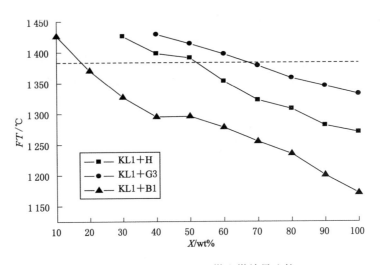

图 6-6　KL1 与 H、G3、B1 煤配煤效果比较

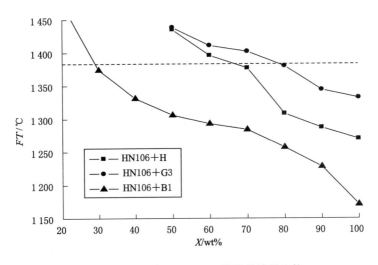

图 6-7　HN106 与 H、G3、B1 煤配煤效果比较

求。高灰熔融温度淮南煤如果只是通过配煤来降低其熔融温度,其效果并不是十分明显,对于目前淮化 Texaco 水煤浆汽化设计煤种(G3 煤)来说,其配入比例要在较高情况下才能使所选淮南煤灰熔融温度降至 1 380 ℃以下。由于外地煤在实际操作过程中,受价格和运输等条件的限制,不能满足 Texaco 水煤浆汽化装置安全、稳定、高效和经济运行的要求,迫切需要利用本地煤炭资源。为了使淮南煤得到更大成都的利用,采取配煤与添加助熔剂相结合的方法。这样就能比较好地解决这个问题。将灰熔融温度高的淮南煤与低灰熔融温度 G3 煤以一定比例混配,然后添加少量助熔剂,从而满足 Texaco 汽化炉对煤灰熔融温度的操作要求。选用了低灰熔融温度煤 G3 煤与高灰熔融温度煤 KL1 煤相配,同时添加工业上常用的助熔剂 ADC。配煤比以质量百分比表示,助熔剂加量以灰基质量百分比表示。

　　图 6-8 所示为 ADC 助熔剂添加量对不同比例 KL1 与 G3 配煤灰熔融温度的影响结果。从图 6-8 中可看出,KL1 煤的配比为 50%、60%、70% 和 80% 时,其对应的熔融温度分别为

1 369 ℃、1 389 ℃、1 405 ℃和 1 433 ℃。其中只有当 KL1 煤的配比为 50％时，不需添加助熔剂即可使得配煤灰熔融温度降至 1 380 ℃以下。随 ADC 助熔剂添加量不断增加，四种比例的配煤灰流动温度均呈现下降趋势。其中 KL1 配比为 60％与 70％时，添加助熔剂 ADC 的流动温度曲线与 1 380 ℃等温线有交点，对应的灰基助熔剂添加量分别为 1.6％和 7.2％。这说明在较低添加量 ADC 作用下，KL1 煤在配煤中所占比例能明显提高，由于 80％KL1 的配煤熔融温度曲线在有限 ADC 添加量下与 1 380 ℃等温线无交点，因此，仍需增加 ADC 助熔剂含量，才能使煤灰熔融温度降至 1 380 ℃。

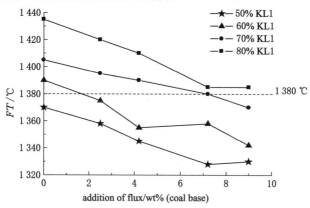

图 6-8　ADC 助熔剂对 KL1 与 G3 配煤的熔融温度影响

6.6　配煤灰熔融温度变化及数学模型建立

用 X 表示 H 煤、G3 煤、B1 煤的配比（wt％），用 X_a 表示 H 煤、G3 煤、B1 煤的配煤灰比（wt％），用 $f(F)$ 表示配煤灰流动温度。通过拟合，分别找出配煤比例及配煤灰比与配煤灰流动温度之间的相关关系，并用 F-检验法对这种相关关系的显著性进行检验。

6.6.1　以煤配入量为基准，建立配煤流动温度数学模型

6.6.1.1　HN115、HN119、KL1、HN106 与 H 煤相配对煤灰流动温度的影响

对图 6-9(a)所示进行线性经回归后得关系式为：

$f(F)=1\ 388.4-1.050\ 9X$；相关系数 $\rho=0.979$。

利用 F-检验法对上述回归方程进行检验。

根据式(6-20)和式(6-21)得出：离差平方和 $U=12\ 148.4$，剩余离差平方和 $Q=522.51$。

将上述求得的数值代入式(6-19)得：$F=209.25$。

查表得：$F_{0.05,(1,9)}=5.12$；$F_{0.01,(1,9)}=10.6$。

经比较，回归方程相关关系高度显著。

按照上述方法，对图 6-9(b)、(c)、(d)所示进行线性回归，分别得到如下关系式：

$f(F)=1\ 448-1.67X$；相关系数 $\rho=0.982$。

$f(F)=1\ 495.06-2.329\ 8X$；相关系数 $\rho=0.992$。

$f(F)=1\ 434.59-1.153\ 6X$；相关系数 $\rho=0.934$。

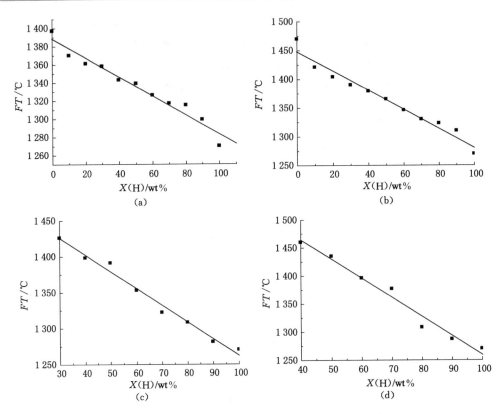

图 6-9　H 煤配入比例与配煤流动温度关系曲线拟合图

(a) HN115；(b) HN119；(c) KL1；(d) HN106

利用 F-检验法对上述三个回归方程进行检验，其方差分析如表 6-2 所示。

表 6-2　　　　　　　　　配煤流动温度与 H 煤配入比例回归方程方差分析

名称	方差来源	离差平方和	自由度	方差	F 值	F 临界值	显著性
H/(H＋HN115)	回归	12 148.4	1	12 148.4	209.25	$F_{0.05,(1,9)}=5.12$	＊＊＊
	剩余	522.51	9	58.06		$F_{0.01,(1,9)}=10.6$	
H/(H＋HN119)	回归	30 728	1	30 728	236.26	$F_{0.05,(1,9)}=5.12$	＊＊＊
	剩余	1 170.55	9	130.06		$F_{0.01,(1,9)}=10.6$	
H/(H＋KL1)	回归	22 797.09	1	22 797.09	383.40	$F_{0.05,(1,6)}=5.99$	＊＊＊
	剩余	356.78	6	59.46		$F_{0.01,(1,6)}=13.7$	
H/(H＋HN106)	回归	32 503.73	1	32 503.73	199.38	$F_{0.05,(1,5)}=6.61$	＊＊＊
	剩余	815.12	5	163.02		$F_{0.01,(1,5)}=16.3$	

通过上述分析得出：低灰熔融温度煤（H 煤）的配入量与配煤灰流动温度呈线性关系，且回归相关关系方程显著。

6.6.1.2　HN115、HN119、KL1、HN106 与 G3 煤相配对灰熔融性温度的影响

按照上述方法，对图 6-10(a)、(b)、(c)、(d)所示进行线性回归，分别得到如下关系式：

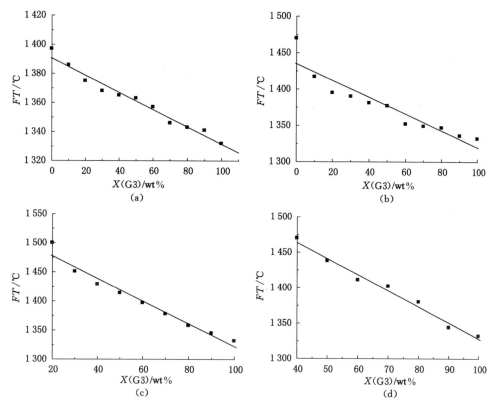

图 6-10　G3 煤配入比例与配煤流动温度关系曲线拟合图

(a) HN115;(b) HN119;(c) KL1;(d) HN106

$f(F) = 1\,390.9 - 0.593\,6X$;相关系数 $\rho = 0.986$。

$f(F) = 1\,434.59 - 1.153\,6X$;相关系数 $\rho = 0.934$。

$f(F) = 1\,517.24 - 1.946\,67X$;相关系数 $\rho = 0.983$。

$f(F) = 1\,554.96 - 2.260\,7X$;相关系数 $\rho = 0.992$。

利用 F-检验法对上述回归方程进行检验,其方差分析如表 6-3 所示。

表 6-3　　　　配煤流动温度与 G3 煤配入比例回归方程方差分析

名称	方差来源	离差平方和	自由度	方差	F 值	F 临界值	显著性
G3/(G3+HN115)	回归	12 152.43	1	12 152.43	210.94	$F_{0.05,(1,9)} = 5.12$	＊ ＊ ＊
	剩余	518.47	9	57.61		$F_{0.01,(1,9)} = 10.6$	
G3/(G3+HN119)	回归	14 639.18	1	14 639.18	61.75	$F_{0.05,(1,9)} = 5.12$	＊ ＊ ＊
	剩余	2 133.73	9	237.08		$F_{0.01,(1,9)} = 10.6$	
G3/(G3+KL1)	回归	22 737.11	1	22 737.11	197.68	$F_{0.05,(1,7)} = 5.59$	＊ ＊ ＊
	剩余	805.12	7	115.02		$F_{0.01,(1,7)} = 12.2$	
G3/(G3+HN106)	回归	14 310.23	1	14 310.23	294.21	$F_{0.05,(1,5)} = 6.61$	＊ ＊ ＊
	剩余	243.20	5	48.64		$F_{0.01,(1,5)} = 16.3$	

通过上述分析得出:低灰熔融温度煤(G3 煤)的配入量与配煤灰流动温度呈线性关系,且回归方程相关关系显著。

6.6.1.3　HN115、HN119、KL1、HN106 与 B1 煤相配对灰熔融性温度的影响

按照上述方法,对图 6-11(a)、(b)、(c)所示进行线性回归,分别得到如下关系式:

$f(F) = 1\ 364.5 - 1.926\ 4X$;相关系数 $\rho = 0.978$。

$f(F) = 1\ 441.7 - 2.80X$;相关系数 $\rho = 0.990$。

$f(F) = 1\ 517.24 - 1.946\ 67X$;相关系数 $\rho = 0.983$。

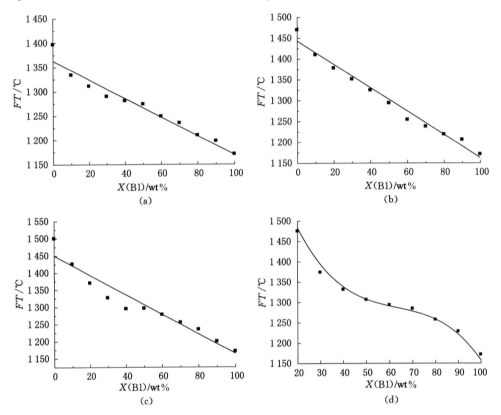

图 6-11　配煤流动温度与 B1 煤配入量关系曲线拟合图

(a) HN115;(b) HN119;(c) KL1;(d) HN106

利用 F-检验法对上述回归方程进行检验,其方差分析如表 6-4 所示。

表 6-4　　　　　配煤流动温度与 B1 煤配入比例回归方程方差分析

名称	方差来源	离差平方和	自由度	方差	F 值	F 临界值	显著性
B1/(B1+HN115)	回归	40 820.42	1	40 820.42	199.96	$F_{0.05,(1,9)} = 5.12$	＊＊＊
	剩余	1 837.22	9	204.14		$F_{0.01,(1,9)} = 10.6$	
B1/(B1+HN119)	回归	86 380	1	86 380	400.58	$F_{0.05,(1,9)} = 5.12$	＊＊＊
	剩余	1 940.73	9	215.64		$F_{0.01,(1,9)} = 10.6$	
B1/(B1+KL1)	回归	22 737.11	1	22 737.11	197.68	$F_{0.05,(1,7)} = 5.59$	＊＊＊
	剩余	805.12	7	115.02		$F_{0.01,(1,7)} = 12.2$	

通过上述分析得出:当 B1 煤与 HN115、HN119、KL1 煤相配时,低灰熔融温度煤的配入量与配煤灰流动温度呈线性关系,且回归方程显著。但 B1 煤与 HN106 煤相配时,煤的配入量与配煤灰流动温度成非线性关系,其关系曲线拟合图见图 6-11(d)。

对图 6-11(d)所示进行线性回归,得到如下关系式:

$f(F)=1\,792.2-22.053X+0.333X^2-0.001\,75X^3$;$\rho^2=0.997$;$\rho=0.998$。

利用相关系数法对上述回归方程进行检验,查表得:$\rho_{0.05,8}=0.6319$;$\rho_{0.01,8}=0.765$。

经比较,回归方程显著。

6.6.2　以煤灰比为基准,建立配煤流动温度数学模型

6.6.2.1　HN115、HN119、KL1、HN106 与 H 煤相配对灰熔融性温度的影响

按照上述方法,对图 6-12(a)、(b)、(c)、(d)所示进行线性回归,分别得到如下关系式:

$f(F)=1\,388.2-1.050\,7X_a$;相关系数 $\rho=0.979$。

$f(F)=1\,451.5-1.67X_a$;相关系数 $\rho=0.984$。

$f(F)=1\,477.06-2.185\,0X_a$;相关系数 $\rho=0.989$。

$f(F)=1\,594.49-3.355X_a$;相关系数 $\rho=0.988$。

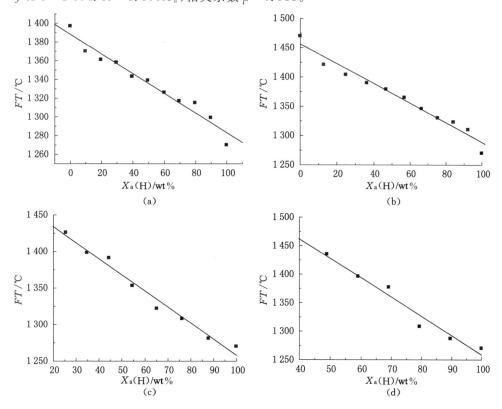

图 6-12　流动温度与 H 煤灰比关系曲线拟合图

(a) HN115;(b) HN119;(c) KL1;(d) HN106

利用 F-检验法对上述回归方程进行检验,其方差分析如表 6-5 所示。

表 6-5　　　　　　　　　　配煤流动温度与 H 煤灰配入比例回归方程方差分析

名称	方差来源	离差平方和	自由度	方差	F 值	F 临界值	显著性
H/(H+HN115)	回归	12 152.43	1	12 152.43	210.94	$F_{0.05,(1,9)}=5.12$	* * *
	剩余	518.47	9	57.61		$F_{0.01,(1,9)}=10.6$	
H/(H+HN119)	回归	30 707.38	1	30 707.38	232.01	$F_{0.05,(1,9)}=5.12$	* * *
	剩余	1 191.16	9	132.35		$F_{0.01,(1,9)}=10.6$	
H/(H+KL1)	回归	22 658.65	1	22 658.65	274.52	$F_{0.05,(1,6)}=5.99$	* * *
	剩余	495.22	6	82.54		$F_{0.01,(1,6)}=13.7$	
H/(H+HN106)	回归	32 494.71.	1	32 494.71	157.71	$F_{0.05,(1,4)}=7.71$	* * *
	剩余	824.15	4	206.04		$F_{0.01,(1,4)}=21.2$	

　　通过上述分析得出:低灰熔融温度煤(H 煤)的煤灰配比与配煤灰流动温度呈线性关系,且回归方程相关关系显著。

6.6.2.2　HN115、HN119、KL1、HN106 与 G3 煤相配对灰熔融性温度的影响

　　按照上述方法,对图 6-13(a)、(b)、(c)、(d)所示进行线性回归,分别得到如下关系式:

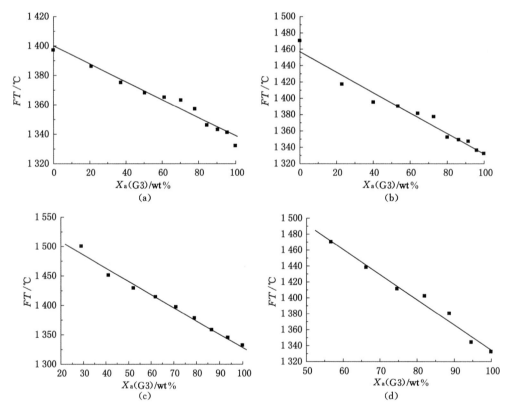

图 6-13　流动温度与 G3 煤灰比关系曲线拟合图

(a) HN115;(b) HN119;(c) KL1;(d) HN106

$$f(F)=1\ 399.2-0.606\ 2X_a;相关系数\ \rho=0.983\ 0。$$

$f(F) = 1\ 457.27 - 1.248\ 7X_a$；相关系数 $\rho = 0.981$。

$f(F) = 1\ 552.55 - 2.225\ 5X_a$；相关系数 $\rho = 0.993$。

$f(F) = 1\ 648.73 - 3.132\ 7X_a$；相关系数 $\rho = 0.990$。

利用 F-检验法对上述回归方程进行检验，其方差分析如表 6-6 所示。

表 6-6　　　　　　配煤流动温度与 G3 煤灰配入比例回归方程方差分析

名称	方差来源	离差平方和	自由度	方差	F 值	F 临界值	显著性
G3/(G3+HN115)	回归	3 857.25	1	3 857.25	258.36	$F_{0.05,(1,9)} = 5.12$	＊＊＊
	剩余	134.39	9	14.93		$F_{0.01,(1,9)} = 10.6$	
G3/(G3+HN119)	回归	16 156.94	1	16 156.94	236.07	$F_{0.05,(1,9)} = 5.12$	＊＊＊
	剩余	615.96	9	68.44		$F_{0.01,(1,9)} = 10.6$	
G3/(G3+KL1)	回归	23 228.23	1	23 228.23	517.79	$F_{0.05,(1,7)} = 5.59$	＊＊＊
	剩余	313.99	7	44.86		$F_{0.01,(1,7)} = 12.2$	
G3/(G3+HN106)	回归	14 254.9	1	14 254.9	238.74	$F_{0.05,(1,5)} = 6.61$	＊＊＊
	剩余	298.53	5	59.71		$F_{0.01,(1,5)} = 16.3$	

通过上述分析得出：低灰熔融温度煤（G3 煤）的煤灰配比与配煤灰流动温度呈线性关系，且回归方程相关关系显著。

6.6.2.3　HN115、HN119、KL1、HN106 与 B1 煤相配对灰熔融性温度的影响

按照上述方法，对图 6-14（a）、（b）、（c）所示进行线性回归，分别得到如下关系式：

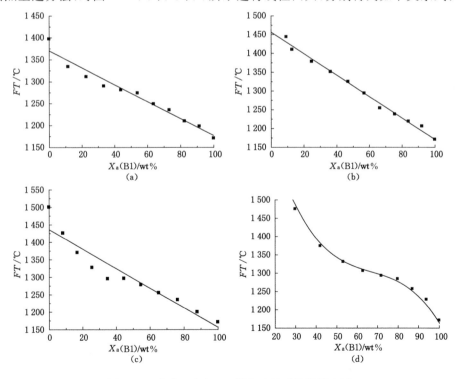

图 6-14　流动温度与 G3 煤灰比关系曲线拟合图

（a）HN115；（b）HN119；（c）KL1；（d）HN106

$f(F)=1\ 364.5-1.926\ 4X_a$；相关系数 $\rho=0.978$。

$f(F)=1\ 441.7-2.80X_a$；相关系数 $\rho=0.990$。

$f(F)=1\ 517.24-1.946\ 67X_a$；相关系数 $\rho=0.983$。

利用 F-检验法对上述回归方程进行检验，其方差分析如表 6-7 所示。

表 6-7　　　　　　　　配煤流动温度与 B1 煤灰配入比例回归方程方差分析

名称	方差来源	离差平方和	自由度	方差	F 值	F 临界值	显著性
B1/(B1+HN115)	回归	41 093.36	1	41 093.36	236.43	$F_{0.05,(1,9)}=5.12$	＊＊＊
	剩余	1 564.28	9	173.81		$F_{0.01,(1,9)}=10.6$	
B1/(B1+HN119)	回归	87 641.51	1	87 641.51	1 161.28	$F_{0.05,(1,9)}=5.12$	＊＊＊
	剩余	679.22	9	75.47		$F_{0.01,(1,9)}=10.6$	
B1/(B1+KL1)	回归	86 065.49	1	86 065.49	90.07	$F_{0.05,(1,9)}=5.12$	＊＊＊
	剩余	8 600.15	9	955.57		$F_{0.01,(1,9)}=10.6$	

通过上述分析得出：当 B1 煤与 HN115、HN119、KL1 煤相配时，低灰熔融温度煤的煤灰配比与配煤灰流动温度呈线性关系，且回归方程相关关系显著。但 B1 煤与 HN106 煤相配时，煤灰配比与配煤灰流动温度呈现非线性关系，其关系曲线拟合图见图 6-14(d)。

对图 6-14(d)进行线性回归，得到如下关系式：

$f(F)=2\ 115.7-33.76Xa+0.48X_a^2-0.002\ 4X_a^3$，$\rho^2=0.998$；$\rho=0.999$。

利用相关系数法对上述回归方程进行检验，查表得：$\rho_{0.05,8}=0.632$；$\rho_{0.01,8}=0.765$。

经比较，回归方程相关关系显著。

6.7　本章小结

通过配入 H、G3、B1 煤可以使淮南煤灰流动温度降至 1 380 ℃以下，满足 Texaco 汽化炉运行要求。三种灰分不同、熔融温度不同的外地煤对不同的淮南煤，通过配煤降低煤灰熔融温度的效果差异较大，但三种煤与所选大部分淮南煤配煤后流动温度的变化基本呈现线性下降的变化趋势，B1 与 HN1061 配煤灰流动温度呈现非线性变化趋势。三种煤对淮南煤配煤助熔效果排序为：B1＞H＞G3。

B1、H 两种煤与淮南四种高灰熔融温度煤相配，可以在较低配比范围内，将配煤灰熔融温度(FT)降至 1 380 ℃以下，但是对于 G3 煤来说，其配比在较高情况下才能使所选淮南煤灰熔融温度(FT)降至 1 380 ℃以下。通过配煤及添加 ADC 助熔剂，可以显著提高淮南煤的配入比例，在 KL1 配比为 60％与 70％，对应的灰基助熔剂加量分别仅为 1.6％和 7.2％时，可以使得煤灰流动温度降低至 1 380 ℃以下。

利用多元线性回归原理，建立煤灰流动温度与配煤比和灰比之间的数学模型，从回归方程可以看出，除 HN106 煤与 B1 煤相配呈现非线性变化关系以外，配煤比、配煤灰比与配煤灰流动温度的数学模型基本呈线性变化关系。

淮南煤 HN115、HN119、KL1 和 HN106 分别与 H、G3、B1 煤相配，流动温度与 H、G3、B1 煤配比和灰比之间的数学模型分别为：

HN115 与 H：$f(F)=1\ 388.4-1.05X$；

$$f(F)=1\ 388.2-1.05X_a；$$

对于 HN115 与 G3，

、

$$f(F)=1\ 390.9-0.594X；$$

$$f(F)=1\ 399.2-0.606X_a。$$

对于 HN115 与 B1，

$$f(F)=1\ 364.5-1.926\ 4X；$$

$$f(F)=1369.6-1.9345X_a。$$

对于 HN119 与 H，

$$f(F)=1\ 448-1.67X；$$

$$f(F)=1\ 451.5-1.67X_a。$$

对于 HN119 与 G3，

$$f(F)=1\ 434.59-1.153\ 6X；$$

$$f(F)=1\ 457.27-1.248\ 7X_a。$$

对于 HN119 与 B1，

$$f(F)=1\ 441.7-2.80X；$$

$$f(F)=1\ 454.96-2.83X_a。$$

对于 KL1 与 H，

$$f(F)=1\ 495.06-2.329\ 8X；$$

$$f(F)=1\ 477.06-2.185\ 0X_a。$$

对于 KL1 与 G3，

$$f(F)=1\ 517.24-1.946\ 67X；$$

$$f(F)=1552.55-2.225\ 5X_a。$$

对于 KL1 与 B1，

$$f(F)=1\ 446.41-2.831\ 8X；$$

$$f(F)=1\ 435.87-2.801\ 4X_a。$$

对于 HN106 与 H，

$$f(F)=1\ 600.36-3.407\ 1X；$$

$$f(F)=1\ 594.49-3.355X_a。$$

对于 HN106 与 G3，

$$f(F)=1\ 554.96-2.260\ 7X；$$

$$f(F)=1\ 648.73-3.132\ 7X_a。$$

对于 HN106 与 B1，

$$f(F)=1\ 792.2-22.053X+0.333X^2-0.001\ 75X^3；$$

$$f(F)=2\ 115.7-33.76X_a+0.48X_a^2-0.002\ 4X_a^3。$$

参 考 文 献

[1] 高聚中,韩伯奇.水煤浆加压汽化煤种评价模型[J].煤化工,1998(2):17-23.

[2] 许波. 德士古汽化装置运行问题探讨[J]. 煤化工,1999(4):52-56.

[3] 陈文敏,张自劢,陈怀珍. 动力配煤[M]. 北京:煤炭工业出版社,1999.

[4] 李荫重,余洁. 动力配煤燃烧性能的探讨[J]. 煤炭科学技术,1997,25(8):38-40.

[5] 戴和武,马淑英,李连仲,等. 动力配煤是燃料煤优化利用的发展方向[J]. 煤炭加工与综合利用,1997(5):50-53.

[6] 陈鹏. 动力配煤技术基础[J]. 煤炭学报,1997,22(5):449-454.

[7] 秦俊杰,陈鹏. 炼焦配煤优化[J]. 洁净煤技术,1997,3(3):46-48.

[8] 刘天新,张敬运,张自邵. 煤炭检测新方法与动力配煤[M]. 北京:中国物资出版社,1992.

[9] Artos V., Scaroni A. W. TGA and drop-tube studies of the combustion of coal blends[J]. Fuel,1993,72(7):927-933.

[10] 姚强,岑可法,施正伦,等. 多煤种配煤特性的试验研究[J]. 动力工程,1997,17(2):16-20.

[11] 汤龙华,周俊虎,曹道卿,等. 非线性最优化动力配煤技术的研究[J]. 煤炭学报,1997,22(5):455-459.

[12] 殷春根,周俊虎,骆仲泱,等. 人工神经网络方法在优化动力配煤中的应用研究[J]. 煤炭学报,1997,22(4):343-348.

[13] 许建豪,张忠孝,潘金荣. 动力配煤的研究与计算[J]. 选煤技术,2005(3):6-8.

[14] 范华挺. 电厂配煤技术原则及煤质特性参数的计算[J]. 煤质技术,2006(5):15-17.

[15] 罗卫红. 优化配煤应用于燃煤电厂的燃烧试验研究[J]. 动力工程,2003,23(6):2836-2839.

[16] 王俊广,周尽晖. 无烟煤在配煤炼焦中的性质研究[J]. 燃料与化工,2007,38(1):1-4.

[17] 杨建国,刘志,赵虹,等. 配煤煤灰内矿物质转变过程与熔融特性规律[J]. 中国电机工程学报,2008,28(14):61-65.

[18] 康虹,吴国光,李建亮. 煤灰熔融性的研究进展[J]. 能源技术与管理,2008(2):75-77.

[19] 袁善录,戴爱军. 配煤对灰熔融温度和煤成浆性能的影响[J]. 煤炭转化,2008,31(1):30-32.

[20] 刘志,杨建国,赵虹. 配煤煤灰熔融特性的热分析研究[J]. 电站系统工程,2006,22(5):4-6.

[21] 张海滨,吴铿,周翔,等. 煤粉特性及配煤的研究[J]. 中国冶金,2008,18(8):1-3.

符 号 索 引

HGI——可磨性指数

X——低灰熔融温度煤配煤比例,wt%

$W_{(低灰熔点煤)}$——低灰熔融温度煤质量,g

$W_{(淮南煤)}$——高灰熔融温度淮南煤质量，g

X_a——低灰熔融温度煤灰配入比例，wt %

W_l——低灰熔融温度煤灰质量，g

W_h——高灰熔融温度淮南煤灰质量，g

FT——流动温度

ρ——相关系数

X——变量

Y——因变量

m——样本个数

α 置信度，$\alpha=0.01,0.05,0.1$

$f(F)$——配煤灰流动温度，℃

第7章 配煤及添加助熔剂对淮南煤灰
黏温特性的影响

7.1 引 言

煤灰熔融温度体现了煤灰熔融特性,灰渣黏度体现的是灰渣的流动性能。仅仅通过灰熔融温度的变化无法有效判断灰渣流动特性。有时灰熔融温度相当的煤灰,其流动性相差很大。了解煤灰的黏度及其影响因素十分必要。对气流床液态排渣汽化炉而言,要求原料煤灰渣在操作温度下具有良好的流动性,以利于灰渣能顺利排出。黏温特性曲线提供了真正流体状态的熔渣黏度,而且指出了临界黏度和塑性黏度的范围。一般炉渣黏度低于 25 Pa·s 就可以流出,而接近塑性状态的熔渣则排出困难或不能排渣。

在汽化过程中产生的煤灰,在操作温度下呈液态。对于汽化炉,炉内壁挂渣的厚度主要取决于结渣速度和熔渣黏温特性。一个稳定厚度的结渣过程将取决于煤灰的熔融状态。煤灰熔体的组成、结构特性决定了煤灰结渣的可能性,这是一个热力学问题。煤灰熔体组成也直接影响到整个结渣层厚度形成的速度和强度,这又是一个动力学问题。从煤灰熔体结构性质分析煤灰的熔融性具有重要意义[1-3]。

本章通过 XTPRI-2 型高温灰渣黏度计,测定了还原性气氛下 KL1、HN119、B1 和 G3 煤的单煤灰渣黏度,考查了配煤、添加助熔剂对灰渣黏度的影响。通过 XRD 对灰渣进行分析探讨助熔剂 ADN 对灰渣黏度的影响趋势,并通过与淮化 Texaco 汽化煤种 B1 和 G3 煤的灰渣黏度对比,找出适宜的助熔剂添加量,以确保淮南煤在 Texaco 汽化炉中的应用。同时,选用目前国内外适用范围较广的三个经验公式,将公式的预测结果与实测灰渣黏度进行对比,旨在找出适合于预测淮南煤灰渣黏度的经验公式。

7.2 实 验 部 分

7.2.1 实验煤样

所选实验煤样为 KL1、HN106、HN119、B1 和 G3。分别测定了这些单煤以及 60%KL1 与 40%B1 相配、50%HN106 与 50%B1 相配,HN113 和 HN119 分别添加 ADN 助熔剂的煤灰在弱还原性气氛下的灰渣黏度。实验煤样的工业分析和元素分析数据见表 3-1,煤灰化学组成见表 3-2。

7.2.2　黏温特性测试

选用 XTPRI-2 型钢丝扭矩式高温黏度计,其结构见图 3-3。高温黏度计主要由两部分组成:高温炉和黏度测定装置;测温和供气系统。高温炉采用钼丝炉,最高温度可达 1 780 ℃。通过稳压器和调压器来稳定和调节温度。测温使用钨-铼合金电偶配以能准确测量 0.01 mV 的电位差计。为保护电偶和搅拌桨(钼制品)不被氧化,需要由供气系统通入氢气和氮气,以控制炉膛为还原性气氛。

首先,取粒度小于 0.2 mm 的煤样放在大灰皿中,置于马弗炉中,在 815 ℃ 完全灰化,每个煤样烧灰 150 g。然后把烧好的灰用 5% 的糊精溶液润湿,做成直径 10 mm 左右的小球,在室温下晾干。

实验步骤如下:

(1) 取直径 30 mm,高 50 mm 的刚玉坩埚捆好放入钼丝炉中心位置。

(2) 调节搅拌桨的高度,使桨的下端正好碰到坩埚底部,记下高度标尺的读数 H_1 (mm),以便以后确定搅拌桨浸没深度时用,然后提起搅拌桨。

(3) 将热电偶冷端放入冰水,将氢气流量调节为 500 mL/min,打开冷却水。

(4) 接通稳压器电源,预热约 5 min,待稳压器输出电压稳定后可开始升温,控制升温速度如下:

① 1 200 ℃ 以前,10~15 ℃/min。

② 1 200~1 500 ℃,5~7 ℃/min。

③ 1 500~1 700 ℃,3~5 ℃/min。

在 3~4 h 内可升至 1 700 ℃。

(5) 温度升至 1 600 ℃ 左右时通入氮气。调节氮气和氢气的流量,使氮气在混合气体中占 20%,混合气总流量为 103 mL/min。将 50~60 g 灰球逐个投入坩埚。全部灰球熔完后保温 10 分钟,并待熔体中气泡完全消失。用一根直径 0.8~1.5 mm 的钼丝,插入熔体中,然后立即取出,放入冷水中,由钼丝上残留的熔渣痕迹量出熔体深度,一般应在 26~30 mm 的范围内。高度不足时,可再投入适量的灰球,待灰样全部熔完后再恒温 30 min,准确测出熔体深度 D(mm)。

(6) 把搅拌桨放入高温炉,并仔细调节它的高度,使高度标尺读数 H_2 满足以下要求: $H_2 = H_1 + D - 15$。这时桨头浸入熔体的深度约为 15 mm。

(7) 开动电机进行降温测定,一般每隔 30~50 ℃ 测定一点;第一点测完后慢慢降至第二点,每点恒温 5 min,记录对应温度下的仪表读数并随时计算出黏度值;直至测点黏度大于 10 000 Pa·s,即可关掉氮气停止试验。

(8) 试验停止后,炉温降至 1 000 ℃ 以下关闭电源,400 ℃ 以下停止通入氢气。

7.2.3　XRD 的分析测试

XRD 分析测试见第 3 章第 3.5 节相关内容。

7.3 结果与讨论

7.3.1 单煤的灰渣黏度

图 7-1 所示为将淮南煤的灰渣黏度对比结果。选用的淮南煤为 HN119 和 KL1 以及 HN106。HN119 与 KL1 是淮南煤中少数几个可在实验允许条件下测出黏度的煤种。这两种煤的灰渣均不能在低于 1 400 ℃时存在,其黏度值小于 25 Pa·s,而且属于"短渣"类型,其对温度的变化反应较敏感。随温度降低,黏度迅速升高,不能满足 Texaco 汽化炉的排渣要求。由于 HN106 的流动温度高达 1 700 ℃,接近高温炉的升温极限 1 780 ℃,灰样难以熔化,其黏度无法测量,图中 HN106 黏温曲线为经验公式计算值。

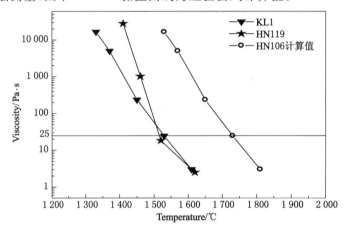

图 7-1　KL1 和 HN106 灰渣黏温特性

图 7-2 将淮化 Texaco 的使用煤种 G3 煤、B1 煤和淮南煤的灰渣黏度进行了对比。从图 7-2 中可看出当温度为 1 260 ℃时,B1 煤的灰渣黏度便达到 25 Pa·s,随着温度的升高,B1 煤的灰渣黏度进一步下降,1 380 ℃时,黏度达到 2.5 Pa·s。淮化 Texaco 的另一个使用煤种 G3 煤,在 1 380 ℃时的黏度为 70 Pa·s,但由于它的渣型属于玻璃体渣,没有临界黏度点,随着温度的变化,此类灰渣黏度不会产生突变,但如果操作温度低于 1 200 ℃,G3 煤灰渣黏度不会像 B1 煤灰渣黏度一样急剧上升,有利于 Texaco 汽化炉的稳定操作。

为了进一步研究不同煤样黏温特性的差别,将淮南煤与淮化 Texaco 使用煤种的灰渣黏温特性进行了对比,具体结果见图 7-3。从图中可以看出,当灰渣黏度为 25 Pa·s 时,淮南煤灰渣的温度都在 1 550 ℃以上,而淮化使用的煤种灰渣温度则较低。G3 煤的温度在 1 500 ℃左右,B1 煤的温度仅为 1 260 ℃,明显有利于汽化炉操作。

7.3.2 配煤对灰渣黏度的影响

将 60％KL1 与 40％B1 煤相配,50％HN106 与 50％B1 煤相配,考察了配煤对灰渣黏度的影响。

图 7-4 为 KL1 煤、B1 煤两种单煤以及它们以 60％和 40％的比例相配时的灰渣黏度变

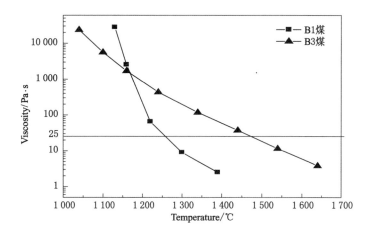

图 7-2　B1 和 G3 灰渣黏温特性

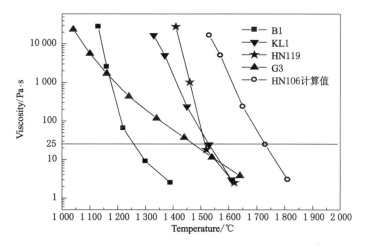

图 7-3　各种煤样的灰渣黏温特性

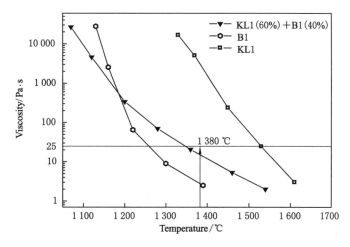

图 7-4　B1、KL1 以及配煤的黏温曲线

化曲线。由图可以看出,配煤灰渣黏度介于 KL1 与 B1 煤灰渣黏度之间,灰渣的渣型为近玻璃体渣,配煤灰渣黏温曲线与 25 Pa·s 等黏度线相交所对应的温度小于 1 380 ℃,优于单煤黏温特性曲线,能从液态排渣汽化炉中顺利排出。

图 7-5 为 HN106 煤、B1 煤两种单煤以及它们以 50% 和 50% 的比例相配时的灰渣黏度变化曲线。由图可以看出,配煤灰渣黏度介于 HN106 计算值与 B1 煤灰渣黏度之间。配煤灰渣黏温曲线与 25 Pa·s 等黏度线相交所对应的温度接近 1 350 ℃,配煤后灰渣的渣型仍为结晶渣,虽然配煤的灰渣能从液态排渣汽化炉中顺利排出,但温度波动,将对汽化炉的操作带来不利影响。

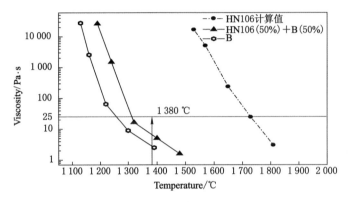

图 7-5　B1、HN106 以及配煤的黏温曲线

7.3.3　添加助熔剂对灰渣黏度的影响

在考察助熔剂对煤灰熔融特性的影响实验基础上,研究了 HN119 和 HN113 两种煤分别添加 ADN 助熔剂后的灰渣黏温特性。

图 7-6 是 HN119 单煤及添加灰基 8.7%(煤基 0.7%)的 ADN 助熔剂的灰渣黏温特性曲线,从图中可看出,HN119 灰渣属结晶渣,其临界温度为 1520℃,对应的临界黏度为 19 Pa·s,随温度的降低,熔渣黏度迅速增大,到 HN119 的 FT 温度 1 425 ℃时,黏度值达到 10 000 Pa·s 以上,接近固相,不可能满足液态排渣的要求,同时说明灰熔融温度作为液态排渣的判断依据存在的缺陷。添加灰基 8.7%ADN 助熔剂后,并没有改变煤灰的黏温特性类型,依然是结晶渣,而整体黏温曲线向右偏移,临界温度降至 1 250 ℃,对应的临界黏度值为 150 Pa·s,随温度的升高,黏度显著下降,在 1 380 ℃时,黏度已降至 20 Pa·s,此时已完全满足 Texaco 汽化炉 1 380 ℃操作炉温下,灰渣黏度小于 25 Pa·s 的液态排渣要求。

图 7-7 是 HN113 添加灰基 12.1% 的 ADN(煤基 1.5%)助熔剂的灰渣黏温特性曲线,由于 HN113 单煤灰熔融温度很高,在测量仪器的最高温度 1 780 ℃下无法完全熔样,以至于无法测得其黏度值。添加 ADN 助熔剂后,灰渣黏度显著降低 1 580 ℃时黏度值达到 3 Pa·s。渣型属玻璃体渣,因此没有临界黏度点,随着温度的降低,其灰渣黏度呈线性升高趋势,不会产生突变。然而在 1 380 ℃时的黏度值为 100 Pa·s,远远高于 25 Pa·s,因此 HN113 添加灰基 12.1%ADN 助熔剂后,并不能满足 Texaco 汽化炉液态排渣的工艺要求,添加 ADN 助熔剂可改变灰渣的黏温特性。

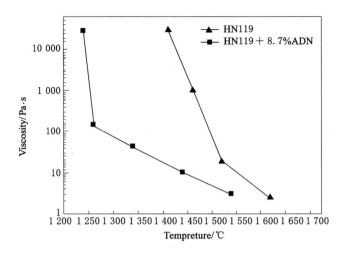

图 7-6　HN119 及添加 ADN 助熔剂的灰渣黏温特性曲线

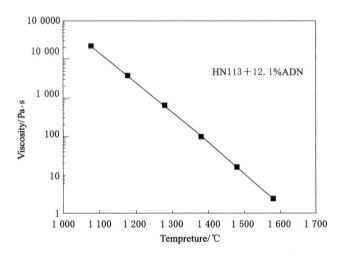

图 7-7　HN113 添加 ADN 助熔剂的灰渣黏温特性曲线

7.4　灰渣黏度预测

（1）预测灰渣黏度的经验公式

目前国内外许多学者总结出许多关于预测灰渣黏度的经验公式,其中具有代表性的主要是式 7-1(公式一)、式 7-2(公式二)和式 7-3(公式三)[4-6]：

$$\lg \mu = 4.468([S]^2) + 1.265\left(\frac{10^4}{T}\right) - 7.44 \tag{7-1}$$

式中　μ——黏度,单位 Pa·s;

　　　T——温度,K;

$[S]$　　二氧化硅比,

$$[S] = \frac{SiO_2}{SiO_2 + Fe_2O_3 + CaO + MgO}$$

$$\ln \mu = m107/(T+123)2 + C \tag{7-2}$$

式中　μ——黏度,单位 Pa·s;

　　　T——温度,K;

$$m = 0.008\,35(SiO_2) + 0.006\,01(Al_2O_3) - 0.109$$

$$C = 0.041\,5(SiO_2) + 0.019\,2(Al_2O_3) + 0.027\,6(摩尔\,Fe_2O_3) + 0.016(CaO) - 1.92$$

$$\ln \mu = \frac{10^7 B}{T^2} + A \tag{7-3}$$

式中　μ——黏度,Pa·s;

　　　T——温度,K;

　　　B,A——常数,分别由以下两式计算

$$B = 16.366 - 0.385\,2SiO_2 + 0.003\,62(SiO_2)^2 - 0.486\,2Al_2O_3 + 0.014\,76(Al_2O_3)^2$$

$$A = 1.251\,1SiO_2 - 0.010\,03(SiO_2)^2 + 1.363\,1Al_2O_3 - 0.040\,62(Al_2O_3)^2 - 54.327\,1$$

通过合适的经验公式可以方便、快速的预测灰渣黏度,目前大部分经验公式预测的是灰渣在完全液相状态下的黏度,而对灰渣固液两相共存状态下黏度预测的准确性相对较差。通过实验值和计算值相比较,找出适合预测淮南煤以及配煤、添加助熔剂的煤灰灰渣黏度的经验公式,为初步估算其灰渣黏度提供一种快速、便捷的方法。

(2) 预测灰渣黏度的经验公式

图 7-8 为 HN119 灰渣黏度实验值与模型值比较图。从图中可以看出,实测黏温曲线属结晶渣类型,而预测值均不能反映出 HN119 灰渣黏度的这种性质。只有在液相区内,公式一的预测黏度值与实测值较为接近,变化趋势也基本一致。而公式二预测的结果与实验值有较大的偏差。

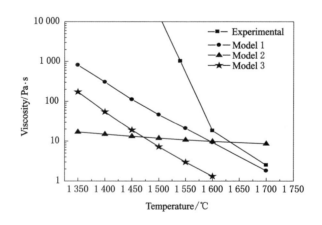

图 7-8　HN119 灰渣黏度实验值与模型值比较图

图 7-9 为 KL1 与 B1 煤配煤灰渣黏度实验值与模型值比较图。从图可以看出,KL1 与

B1 煤相配,B1 煤配比为 40％时,配煤灰渣黏温曲线与公式一和模公式三的变化趋势较一致,在液相区的黏度实验值与公式一的计算值较吻合。而公式二预测的结果与实验值有较大的偏差。

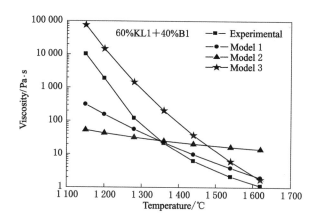

图 7-9　KL1 与 B1 煤配煤灰渣黏度实验值与模型值比较图

图 7-10 为 HN106 与 B1 配煤灰渣黏度实验值与模型值比较图。HN106 与 B1 煤相配,B1 煤配比为 50％时,公式一和公式三的变化趋势与实验值较一致,配煤灰渣在液相区的黏度实验值与公式一的计算值基本吻合。经验公式无法反映灰渣在塑性状态下的黏度,所以当温度低于临界黏度温度时,实验值与预测值相差较大。

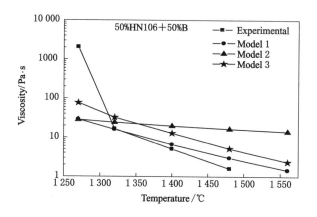

图 7-10　HN106 与 B1 配煤灰渣黏度实验值与模型值比较图

图 7-11 为 HN119 添加 8.7％ADN 助熔剂的灰渣黏度实测值与模型值比较图。从图中可以看出,在实测黏温曲线中的液相区内,公式一和公式三的变化趋势与实测值较一致,公式二的预测值与实测值的差距较大。同样经验公式无法正确反映灰渣实际灰渣类型,所以当温度低于临界黏度温度时,实验值与预测值相差较大。

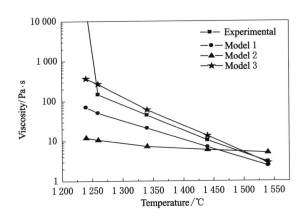

图 7-11　HN119 添加 8.7% ADN 助熔剂的灰渣黏度实测值与模型值比较图

7.5　煤灰成分及矿物对灰渣黏度影响

煤灰由 SiO_2、Al_2O_3、Fe_2O_3、CaO、MgO、Na_2O 和 K_2O 等组分构成,这些组分含量占煤灰质量的 90% 以上,其中 SiO_2 和 Al_2O_3 所占的比例较大。因此,灰渣黏度可以认为由硅酸盐熔体结构决定[7]。阳离子的种类和各离子的浓度对聚合作用有重要意义[8]。在煤灰成分中,把 Si^{4+} 和 Fe^{3+} 称为网络形成剂,K^+、Na^+、Fe^{2+}、Ca^{2+} 和 Mg^{2+} 称为网络改变剂。网络改变剂增加,一般总是使灰渣黏度减小。由表 3-2 可知,在 B1 煤灰中,Fe_2O_3 和 CaO 的含量比 KL1 和 HN106 煤中的高,SiO_2 和 Al_2O_3 含量相对较低。在弱还原性气氛下,Fe^{3+} 易被还原为 Fe^{2+},使得灰渣黏度降低,这是 B1 煤灰渣黏度比 KL1 和 HN106 的低很多的主要原因。

在铝硅酸盐熔体中,Al^{3+} 可以作为网络形成剂取代 Si^{4+},由碱金属或碱土金属离子平衡电价,Al^{3+} 位于 Si(Al)—O 四面体中,呈四次配位,起增强聚合程度的作用。Al^{3+} 也可以作为网络改变剂,位于八面体空隙中,呈六次配位,导致熔体解聚。B1 煤中 Al_2O_3 含量较其他煤种要低很多,而 CaO 的含量比其他煤种要高,在 $Al^{3+} \rightarrow Si^{4+}$ 替换中起平衡电荷作用的碱金属阳离子 Ca^{2+} 过剩时,其过剩部分作为网络改变剂起很强的解聚作用[9],使得 B1 煤灰渣黏度比其他煤种都要低。与淮南煤相比较,B1 煤与淮南煤相配后,配煤灰成分中的 Fe^{2+}、Ca^{2+} 含量相对增加,所以配煤的灰渣黏度会降低。

灰渣熔融过程中矿物形态的变化对灰渣黏度也产生了重要的影响[10]。由于 1 400 ℃ 接近于液态排渣汽化炉所要求原料煤的流动温度,本实验中选择了 1 400 ℃ 下的灰渣作为研究对象,考察该温度下矿物组成的变化对灰渣黏度的影响。表 7-1 为灰渣在 1 400 ℃ 下晶体相组成,图 7-12 为灰渣在 1 400 ℃ 下 X 射线衍射图。

表 7-1	灰渣中晶体相组成
样品	1 400 ℃时晶相组成
HN106	Sillimanite,Mullite
KL1	Sillimanite,Mullite
50%HN106+50%B1	Sillimanite,Mullite,Anorthite,Hematite,Quartz
60%KL1+40%B1	Sillimanite,Anorthite,Hematite,Quartz
B1	Anorthite,Hematite,Quartz

图 7-12 展示了 1 400 ℃时,灰渣的矿物组成。HN106 和 KL1 灰渣中主要结晶矿物为夕线石($Al_2O_3 \cdot SiO_2$)和莫来石($3Al_2O_3 \cdot 2SiO_2$),两种高熔点矿物的存在导致 HN106 和 KL1 的流动温度较高,煤灰在 1 400 ℃下难以流动。B1 煤灰渣的主要相为玻璃相、钙长石($CaO \cdot Al_2O_3 \cdot 2SiO_2$)、石英($SiO_2$)和赤铁矿($Fe_2O_3$),且结晶矿物总含量相对较少。大量玻璃相使得 B1 煤灰渣在 1 400 ℃下的黏度比淮南煤要低很多。HN106 和 KL1 分别按5∶5 和 4∶6 的比例与 B1 煤相配,配煤灰渣中的主要结晶矿物为夕线石、莫来石、钙长石、赤铁矿和石英。与 HN106 和 KL1 相比,配煤中耐熔矿物夕线石和莫来石的衍射峰强度弱,助熔矿物钙长石和赤铁矿的衍射峰强度有所增加。在 1 400 ℃下,配煤灰渣黏度介于淮南煤和 B1 煤之间,这说明灰渣中助熔矿物可以降低灰渣黏度。

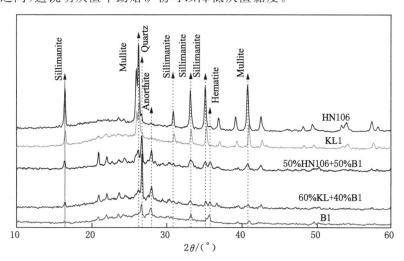

图 7-12　1 400 ℃下灰渣的 X 射线衍射图

7.6　本章小结

淮南煤 HN119 与 KL1 煤灰黏度对温度的变化反应较敏感,随温度的降低,黏度迅速升高,渣型属于"短渣"类型,两者都属于高灰熔融性煤,在 Texaco 和 Shell 汽化炉正常操作温度下灰渣黏度较大,无法顺利排出。两种煤的灰渣均在温度大于 1 520 ℃以上时,黏度达到25 Pa·s 左右。B1 和 G3 煤灰的黏度,在相同温度下,比淮南煤灰的黏度要低得多。B1 煤的灰渣黏度达到 25Pa·s 时其对应温度仅为 1 260 ℃,随温度增加黏度呈现下降趋势,渣型为"近玻璃体"类型,较为适合液态排渣炉使用;G3煤为典型的"玻璃体渣"类型,随着温度的上升,黏度逐渐变小,此类灰渣黏度不会产生突变,因此较为适合应用于液态排渣汽化炉。

添加助熔剂能有效降低灰渣黏度。HN119添加灰基8.7%,对应煤基为0.7%的ADN助熔剂时,可在1 380 ℃达到20 Pa·s的黏度值,其渣型发生了变化,由"短渣"转变为"近玻璃体渣"类型,能顺利从液态排渣汽化炉中被排出。

配煤在有效降低灰渣黏度的同时也可以改善灰渣的流动类型,60%KL1与40%B1煤相配,黏度达到25 Pa·s时对应温度比KL1原煤降低250℃,且渣型也由"结晶渣"转变为"近玻璃体渣"类型。但是50%HN106与50%B1煤相配,相同温度下,配煤的灰渣黏度较之HN106煤灰黏度有明显下降,但灰渣的类型没有改变。

从煤灰化学组成的角度来看,在弱还原性气氛下,B1煤煤灰中Fe^{2+}和Ca^{2+}的含量较高,使得其灰渣黏度相对较低;淮南煤煤灰中较高含量的Al^{3+},使得淮南煤灰灰渣黏度很高。配煤及添加助熔剂,使得灰渣中助熔矿物增加,从而降低灰渣黏度,有利于排渣。

大部分黏度经验公式只能预测灰渣处于真实液体状态下的黏度,而对固液两相共存时黏度预测的准确性较差。通过实测值与计算值的对比,公式一对配煤灰渣黏度的预测较为准确。公式三可用来预测添加助熔剂的淮南煤灰渣黏温特性,但其缺点是不能正确反映灰渣的类型,如HN106与B1的配煤灰渣属结晶渣,而通过模型计算的黏温曲线都是玻璃体渣。

参 考 文 献

[1] 熊友辉,孙学信. 动力用煤熔体结构特性及其计算研究[J]. 煤炭转化,1996,19(40):85-91.

[2] 熊友辉,孙学信. 基于熔体结构的高温灰渣黏度模[J]. 华中理工大学学报,1998,26(10):79-81.

[3] 李如璧,徐培苍. 三元硅铝酸盐熔体化学组成对熔体结构的影响[J]. 材料导报,2003,17(9):81-83.

[4] 陈鹏. 中国煤炭性质、分类和利用[M]. 化学工业出版社,2001.

[5] 孙亦禄. 煤中矿物杂质对锅炉的危害[M]. 水利电力出版社,1994.

[6] Arvelakis S., Frandsen F. J, Folkedahl B., et al. Viscosity of ashes from energy production and municipal solid waste handling: a comparative study between two different experimental setups[J]. Energy and Fuels,2008,22:2948-2954.

[7] Vargas S., Frandsen F. J., Dam-Johansen K.. Rheological properties of high-temperature melt of coal ashes and other silicates[J]. Process in energy and combustion science,2001,27:237-429.

[8] Bryant G. W. Use of thermomechanical analysis to quantify the flux additions necessary for slag flow in slagging gasifiers fired with coal[J]. Engery and Fuels,1998,12(2):257-261.

[9] Oh M. S., Brooker D. D., Depaze F., et al. Effect of crystalline phase formation on coal slag viscosity[J]. Fuel processing technology, 1995, 44 (1-3):

191-199.

[10] Christina G. , Vassileva S. V. Behaviour of inorganic matter during heating of Bulgarian coals 1. Lignites coals [J]. Fuel Processing Technology，2005，86：1297-1333.

符 号 索 引

FT——流动温度,K

μ——黏度,Pa • s

T——温度,K

[S]——二氧化硅比

XRD——X 射线衍射光谱

第8章 高温煤灰化学行为和熔融机理研究

8.1 引　言

煤中矿物在商业煤汽化和燃烧过程中起着非常重要作用。煤中矿物直接影响汽化炉和锅炉运行过程中灰的形成、炉体的侵蚀和熔渣的排放[1-4]。了解淮南煤中矿物和煤灰的性质有助于更好地了解其对汽化炉中操作性能的影响。由于煤中矿物在煤的利用过程中控制灰的熔化和结晶行为等，所以非常有必要了解煤中矿物的种类、比例以及它们在高温下的转变过程。仅研究煤中矿物的平均元素组成和氧化物组成对于充分认识煤在利用过程中灰的化学行为是不够的。美国材料实验学会与日本工业标准灰锥熔融点测试方法等许多方法被用来表征高温煤灰行为。这些标准测试方法为了解煤汽化和煤燃烧过程中灰渣的特性提供了基础数据，但这些方法在预测高温下煤的灰行为方面有着局限性[5]。往往灰成分相似的两种煤，它们的灰行为会截然不同。为什么煤的灰行为会出现这种情况呢？其原因在于每种煤自身的微观特性不同。标准灰分析只能提供煤灰平均化学成分，并不能提供汽化和燃烧过程中微观灰渣的行为特征变化规律。国内外对高温煤中矿物行为变化开展了广泛的研究工作[6-8]。还原性气氛条件下煤灰行为研究取得许多重要成果和进展。但是，在汽化系统中无机矿物的行为特征方面，存在许多问题没有解决。

煤中的矿物是煤的一个重要组成部分。在燃烧过程中，矿物质转变成灰分。煤中矿物颗粒尺寸从微小到沙粒大小，甚至更大的尺寸都有。矿物颗粒大小和化学行为变化控制整个汽化和燃烧系统中灰渣的行为特征。煤灰中的矿物在加热过程中行为的变化对煤灰熔融特性产生重要的影响。目前，X射线衍射技术已经广泛用于对煤的研究[9-12]。但是到目前为止，关于淮南煤在高温、不同气氛条件下煤灰的组成及晶相变化还没有学者进行详细的研究。因此，研究煤灰中晶相变化可以帮助了解汽化及燃烧过程中煤灰行为。

通过计算机控制电子扫描显微镜（CCSEM）、傅立叶变换红外光谱（FTIR）、X-射线衍射（XRD），初步探索了淮南矿区煤、配煤以及添加助熔剂后煤灰在熔融过程中矿物行为的变化及其对煤灰熔融特性的影响规律。通过对煤灰中矿物在高温熔融过程中的行为研究，可以对煤灰熔融过程中的矿物行为的变化过程有了深刻的了解，同时为高熔融温度淮南煤在液态排渣汽化炉中的应用提供了理论指导。

8.2　实　验　部　分

8.2.1　煤样选取

选取淮南矿区煤 HN115、HN119、HN106、KL1、XM 和 HN113 六种典型煤样。将煤样磨细至粒度小于 250 目,在 815 ℃烧成灰样。六种煤样的煤灰熔融温度,有较大差异。灰熔融温度测试结果表明:大部分煤灰的流动温度高于 1 500 ℃;只有 XM 和 HN115 这两种煤灰的流动温度位于 1 400 ℃左右。希望通过研究这些典型煤样的灰在不同温度的矿物转变行为,搞清淮南煤灰熔融的过程和机理。煤灰样品的化学组成与煤灰熔融温度如表 8-1所示:

表 8-1　　　　　　　　　　　煤灰样品的化学组成与灰熔融温度

Coal	SiO$_2$	Al$_2$O$_3$	Fe$_2$O$_3$	CaO	MgO	Na$_2$O	K$_2$O	SO$_3$	P$_2$O$_5$	TiO$_2$	DT	ST	FT
HN106	39.8	41.8	9.19	1.13	0.36	0.24	2.29	0.71	0.20	3.35	1 166	1 524	>1 600
HN113	37.1	40.7	4.64	8.91	0.54	0.26	0.40	2.31	2.16	2.37	1 439	1 504	1 560
HN115	42.3	34.5	6.17	8.55	1.00	0.21	0.76	3.20	0.55	2.24	1 272	1 360	1 412
HN119	42.0	36.9	3.21	9.93	0.44	0.37	0.17	3.82	0.2	2.08	1 434	1 451	1 480
KL1	47.1	35.3	4.72	5.67	0.75	0.26	1.33	2.22	0.19	1.96	1 450	1 500	1 560
XM	43.8	27.7	10.7	6.85	0.14	0.00	1.53	7.00	0.15	1.38	1 210	1 250	1 310

灰熔融温度单位为℃;氧化物含量单位为％。

8.2.2　样品制备

首先,在弱还原性气氛下,利用改进的灰熔融性测试仪(见图 3-1),将大约 1 g 的灰样放入灰熔融性测试仪中,快速加热至指定温度,让样品在加热炉中按照所设定的温度停留反应 5 min,温度范围为 1 050～1 450 ℃。然后,在水中淬冷 5 s,防止缓慢冷却过程中发生矿物质晶型转变,以保持此温度下应有的矿物结晶。获得的试样经玛瑙研钵研磨后,用 FTIR 和 XRD 分析研究高温下煤灰矿物组成的转变。

8.2.3　XRD 分析

对还原性气氛下、不同温度淬冷得到的灰样,利用 Rigaku RINT X 射线衍射仪进行分析,设置电压 40 kV、电流 35 mA,收集 XRD 分析图。最终将分析结果同标准数据相比较来鉴定煤灰中的晶体组成。

8.2.4　FTIR 分析

对还原性气氛下、不同温度淬冷得到的灰样,利用 Vector33 型傅立叶变换红外/拉曼光谱仪进行分析。称取 0.001 g 左右的待测样品,与溴化钾按比例为 1∶200 混合研磨成细粉,制成溴化钾盐片,压片时控制压力为 12 MPa,压片时间为 3 min。压片之前的灰样预先烘干 1 d,压制成片后再烘干 1 d 左右,最终进行实验。分析煤灰在不同温度下的红外光谱变化规律。

8.3 淮南煤及煤灰的矿物组成分析

8.3.1 淮南煤的矿物组成分析

为了搞清楚淮南煤在高温还原性气氛下煤灰的化学行为和物理行为变化,必须研究淮南煤的原始矿物组成。煤中矿物组成直接影响高温煤灰的行为。利用 CCSEM 对六种所选淮南煤的矿物组成进行分析。结果见图 8-1。淮南煤的矿物组成主要包括高岭石、蒙脱石、石英、黄铁矿、方解石、白云石、未知组成和其他矿物。淮南煤中主要矿物为铝硅酸盐黏土矿物和石英,占煤中矿物的 60% 以上。煤灰熔融温度相对较低的淮南 HN115 和 XM 煤与其他高灰熔融性的淮南煤的显著区别是黏土矿物、黄铁矿和方解石的含量不同。HN115 和 XM 煤中高岭石族黏土矿物含量低,方解石和黄铁矿的含量高,所以这两种煤灰熔融温度较低。而高岭石含量高的淮南煤灰熔融性温度也高。因此,要使淮南煤适用于汽化,必须对淮南不同矿区、不同煤层的煤进行深入细致的研究工作,找出高岭石含量相对较低的煤种,或者通过降低淮南煤中高岭石、伊利石等黏土矿物含量,增加黄铁矿、方解石和白云石等矿物组成的含量,降低煤灰熔融温度,改善煤灰黏温特性,使淮南煤能经济、合理和有效地适用于气流床汽化技术。

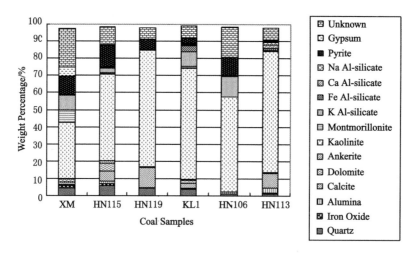

图 8-1　淮南六种煤样的主要矿物组成

如图 8-2 所示,其他一些矿物在煤中的含量很少(单种量<1%,总量<4%);方镁石、钠铝石榴石、金红石、磷灰石和铝硅酸盐矿物构成了煤灰中特有的化学组成,但对煤灰熔融性影响不大。HN115 和 XM 煤与其他高灰熔融性的淮南煤的显著区别是黏土矿物、黄铁矿和方解石的含量不同。因为 HN115 和 XM 煤中高岭石族黏土矿物含量低,方解石和黄铁矿的含量高,所以煤灰熔融性较好。对于高岭石含量高的淮南煤,其煤灰熔融性温度也高。因此,要使淮南煤适用于汽化,控制煤中高岭石、伊利石、黄铁矿和方解石的矿物组成要比改变

煤灰的化学组成好。

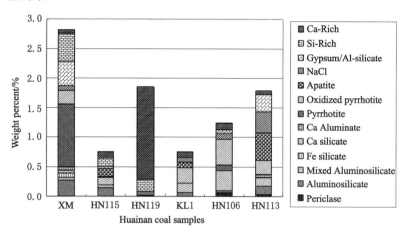

图 8-2　淮南六种煤样的少量矿物组成

8.3.2　淮南煤灰的矿物组成分析

图 8-3 为 HN115 煤灰在 810 ℃的 XRD 分析图。从图 8-3 中可以看出,HN115 煤灰的主要晶体矿物包括石英、赤铁矿、硬石膏、石灰石以及钾云母。2θ 角在 $18°\sim30°$ 范围内出现了明显的鼓包,这表明有大量的非晶型物质存在。

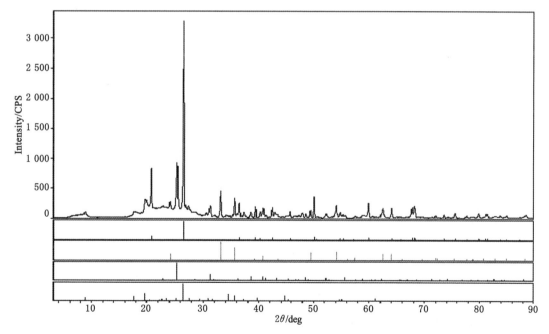

图 8-3　815 ℃下 HN115 煤灰 XRD 分析图

XM、HN115、HN119、KL1、HN106、HN113 煤灰的熔融温度从低到高排列分别依次为 1 320 ℃、1 412 ℃、1 480 ℃、1 560 ℃、1 565 ℃、>1 600 ℃。六种煤灰样的 XRD 分析结果

如图 8-4 所示。从图 8-4 中可以看出:淮南煤灰在 815 ℃下的主要矿物组成与煤样的稍有不同,一般包括石英、赤铁矿、硬石膏、石灰石以及钾云母和金红石,非晶体或玻璃态物质(由包含 Na_2O、K_2O、MgO、CaO、Fe_2O_3 的硅铝酸盐组成的[7])。玻璃态物质的含量可以由图 8-4 中的鼓包反映出来。这是淮南煤灰行为复杂的主要原因。六种煤灰的晶体矿物组成具有相似之处。每种矿物衍射强度的不同反映了晶体矿物组成含量的不同。815 ℃时灰熔融温度较高的淮南煤灰中含有相当多的非晶态物质,而灰熔融温度相对较低的淮南煤灰中石英、赤铁矿、硬石膏的含量较高。

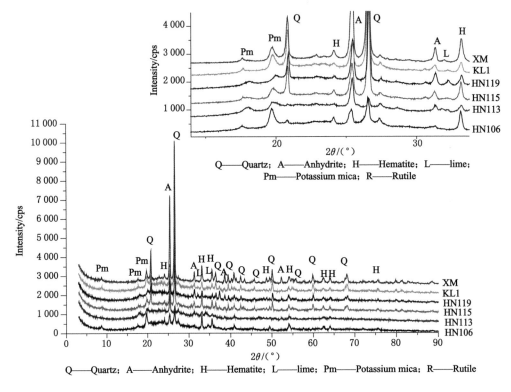

图 8-4　六种煤样的 XRD 分析图

图 8-5 和图 8-6 是 HN115、HN119 两种煤灰在 815 ℃下红外光谱图。为了便于分析,把红外谱图分成两个区域,来放大分析。第一个区域为 4 000~1 300 cm^{-1},第二个区域为 1 300~400 cm^{-1}。

图 8-6 中的红外吸收峰主要是 H_2O 和 OH 基振动形成的特征峰。3 650 cm^{-1}、2 922 cm^{-1}、2 853 cm^{-1} 为 OH 伸缩振动波峰。3 447 cm^{-1} 为 H_2O 伸缩振动波峰。1 630 cm^{-1},1 397 cm^{-1} 为 OH 弯曲振动波峰。在 1 427 cm^{-1} 出现方解石的特征峰。由于受铁、镁阳离子影响,方解石的特征峰向高频率方向移动。分析煤灰中矿物组成主要在 1 300~400 cm^{-1} 区域。从图 8-6 中可以看出,这两种煤灰中矿物质组成包括石英、硬石膏、方解石、高岭土和赤铁矿。石英和高岭土结构中的非对称 SiO—Si 和 Si—O—M(Al、Fe 等)振动波峰与 SO_4 振动波峰相叠加,在 1 200~950 cm^{-1} 范围内出现强且宽的波峰。HN119 煤灰在 798 cm^{-1},780 cm^{-1} 处出现一个较强的尖峰,但 HN115 煤灰在此处出现的是单峰,这说明在

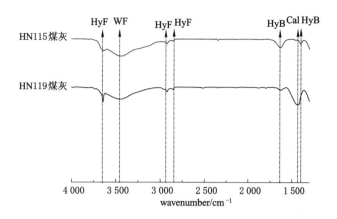

HyF——OH 伸缩振动；HyB——OH 弯曲振动；WF——H₂O 伸缩振动；Cal——硬石膏

图 8-5　煤灰红外光谱图（4 000～1 300 cm⁻¹）

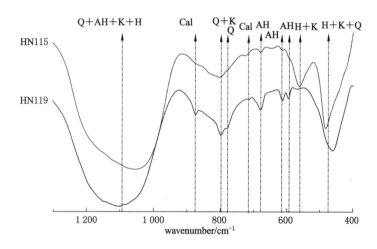

Q——石英；AH——硬石膏；Cal——方解石；K——高岭土；H——赤铁矿

图 8-6　煤灰红外光谱图（1 300～400 cm⁻¹）

HN119 煤灰中存在方石英，而 HN115 煤灰中存在鳞石英。方解石和鳞石英都是由煤中高岭土受热产生的。同时在 679 cm⁻¹、613 cm⁻¹、596 cm⁻¹ 处与 1 433 cm⁻¹、874 cm⁻¹ 处仅出现较弱的波峰，从而断定硬石膏和方解石含量较低，这是淮南煤灰熔融温度较高的一个主要原因。

　　比较 HN115 与 HN119 这两种煤灰红外光谱图，HN119 红外光谱图在 679 cm⁻¹、613 cm⁻¹、596 cm⁻¹ 处与 1 433 cm⁻¹、874 cm⁻¹ 处出现的波峰透射率比 HN115 波峰强，这说明 HN119 煤灰中硬石膏和方解石含量比 HN115 煤灰中的含量高。但是 HN115 红外光谱图在 400～500 cm⁻¹ 范围内波峰向高频率偏移，从而判断 HN115 煤灰中赤铁矿含量较高。这与 HN119 煤灰中 CaO 含量较高，而 HN115 煤灰中 Fe₂O₃ 含量较高相符合。

8.4 高温淮南煤灰的矿物组成变化

在还原性气氛(60%CO,40%CO₂)下,考查 HN115 煤灰在不同温度 1 150 ℃、1 250 ℃、1 350 ℃、1 450 ℃的矿物转变过程,其结果见图 8-7。淮南煤灰在 815 ℃时的主要的矿物组成为石英、赤铁矿、硬石膏、石灰石、钾云母及非晶态矿物(见图 8-3)。随着温度增加,混合物之间发生热分解、热转换、反应和物相改变。在 1 150 ℃左右,由于混合相部分熔融,钙长石(CaAl₂Si₂O₈)的含量趋于稳定,石英和硬石膏的含量减少,莫来石的含量增加,莫来石灰熔融温度较高,在高温下由高岭石生成。钙长石和钙黄长石则是由高岭石黏土矿物与碱性矿物反应得到的。从 1 150 ℃到 1 350 ℃,石英的含量迅速减少,钙长石的含量呈先增加后下降趋势。当温度高于 1 250 ℃时,莫来石的含量呈缓慢下降趋势。温度高于 1 350 ℃时,莫来石和非晶态物质成为煤灰的主要物相。升温过程中莫来石的形成是淮南煤灰熔融点高的主要原因。

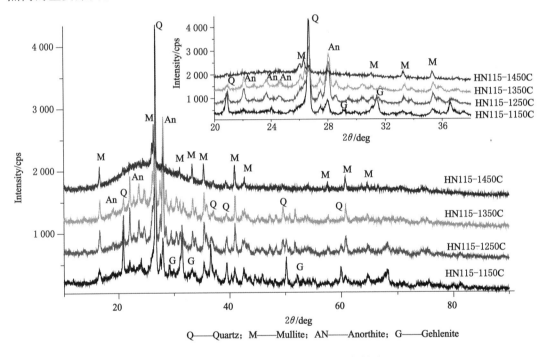

图 8-7　HN115 煤在不同温度下的矿物转变

同样,在还原性气氛下,对温度为 815 ℃、1 000 ℃、1 200 ℃、1 480 ℃的 HN119 煤灰进行了矿物组成变化的研究,其结果见图 8-8。从图 8-8 中可以看出,HN119 煤灰在 815 ℃时的主要矿物为石英(SiO₂)、硬石膏(CaSO₄)和赤铁矿(Fe₂O₃)。随着温度的升高,α-石英和硬石膏的衍射强度在逐渐变弱,说明其含量在降低。在 1 200 ℃时鳞石英出现了较强的衍射峰,同时也出现了较弱的方石英衍射峰。在熔融温度时,α-石英与鳞石英峰的衍射强度明显减弱,而方石英峰衍射强度增强,说明随着温度的升高,α-石英逐渐转化为鳞石英,最终又转化为方石英。在温度为 1 000 ℃时,出现了莫来石的特征峰;随着温度升高,莫来石衍射强度不断增强,莫来石含量逐渐增多。在 1 200 ℃时出现了钙长石($CaO \cdot Al_2O_3 \cdot 2SiO_2$)的特征峰,这是 α-石英与 CaO、Al_2O_3 发生反应的结果,其生成量取决于煤灰中 SiO_2、Al_2O_3 和 CaO 的含量。其中莫来石的熔融温度高达 1 810 ℃,其含量决定了煤灰熔融温度。莫来石含量越高,煤灰熔融温度越高。

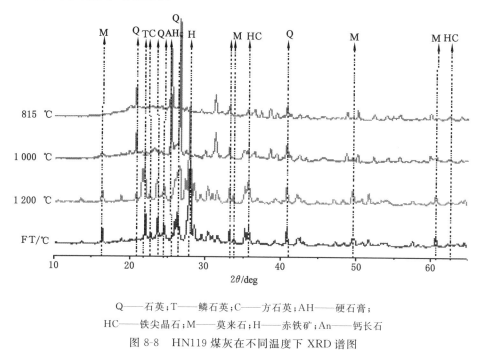

Q——石英;T——鳞石英;C——方石英;AH——硬石膏;
HC——铁尖晶石;M——莫来石;H——赤铁矿;An——钙长石

图 8-8　HN119 煤灰在不同温度下 XRD 谱图

图 8-9 所示为 HN119 煤灰在加热过程中各类矿物的 XRD 强度变化。从图 8-9 中可以看出,随着温度的升高,石英、硬石膏衍射强度逐渐减少,方解石在 1 000 ℃已经消失;莫来石、钙长石的衍射强度随着温度的升高而逐渐增加,而赤铁矿衍射强度基本不变。

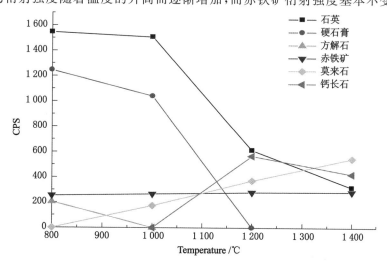

图 8-9　HN119 煤灰加热过程中各类矿物的 XRD 强度变化

由以上分析可知,淮南煤灰中矿物在加热过程中发生了如下化学反应:

$$CaCO_3(方解石) \longrightarrow CaO + CO_2$$

$$CaO + SO_3 \longrightarrow CaSO_4(硬石膏) \longrightarrow CaO + SO_3$$

$$Al_2O_3 \cdot 2SiO_2 \cdot 2H_2O(高岭石) \longrightarrow Al_2O_3 \cdot 2SiO_2(偏高岭石) + 2H_2O$$

$$Al_2O_3 \cdot 2SiO_2(偏高岭石) + 2H_2O \longrightarrow 3Al_2O_3 \cdot 2SiO_2(莫来石) + 4SiO_2$$

$$Al_2O_3 \cdot 2SiO_2(偏高岭石) + CaO \longrightarrow CaO \cdot Al_2O_3 \cdot 2SiO_2(钙长石)$$

$$3Al_2O_3 \cdot 2SiO_2(莫来石) + CaO \longrightarrow CaO \cdot Al_2O_3 \cdot 2SiO_2(钙长石)$$

将 HN115、HN119、HN106 三种煤灰放入温度为 1 350 ℃ 的高温炉中 5 min,设置为还原性气氛;在水中淬灭,取出进行 XRD 分析,其结果见图 8-10。由图 8-10 可以看出:这几种煤灰的衍射图不同。

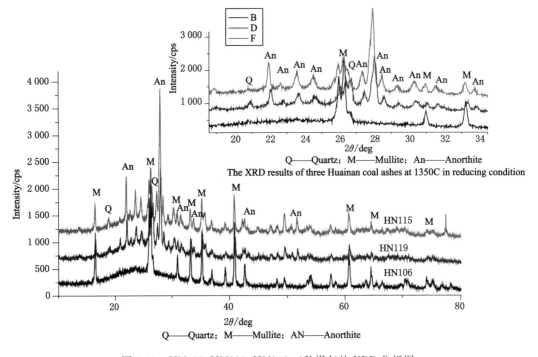

图 8-10　HN115、HN119、HN106 三种煤灰的 XRD 分析图

HN115、HN119 两种煤主要含有莫来石、钙长石、石英和非晶体矿物。HN106 煤主要含有莫来石和非晶体矿物。莫来石,钙长石衍射峰的强度不同,说明它们的含量不同,它们对煤灰熔融温度的影响也不相同。图 8-10 还显示出当 2θ 在 15°～35° 范围内,HN106 出现很大的鼓包,其中在 22°～23° 时,鼓包的强度最大;当 2θ 在 15°～35° 范围内,HN115 和 HN119 也有鼓包出现,而在 24°～25° 时,鼓包的强度最大;鼓包出现的位置不同,说明影响灰熔融温度的玻璃态物质的类型不同,从而灰熔融温度不同。在 1 350 ℃ 还原性气氛条件下,灰熔融温度较高的淮南煤灰中莫来石的含量较高,而灰熔融温度较低的煤灰中钙长石的含量较高。

8.5　配煤煤灰行为变化机理探讨

HN115、G3 和 B1 三种煤灰的 XRD 如图 8-11 所示,三种煤灰样中的主要结晶矿物为石英(SiO_2),硬石膏($CaSO_4$)和赤铁矿(Fe_2O_3)。B1 煤中 Fe_2O_3、CaO 和($CaSO_4$)的含量较其他两种煤高,而原煤中不含有石膏($CaSO_4 \cdot 2H_2O$),煤灰中硬石膏是煤中方解石($CaCO_3$)的分解产物 CaO 与 SO_2 和 SO_3 发生反应的产物,故 B1 煤灰样中赤铁矿和硬石膏的衍射峰强度比 HN115 煤和 G3 煤的强。B1 煤灰中 Fe_2O_3 含量较高,在弱还原性气氛下,Fe_2O_3 被还原为 FeO;FeO 与 SiO_2、Al_2O_3 反应生成低灰熔融温度的铁铝硅酸盐矿物,这导致 B1 煤灰熔融温度较低。

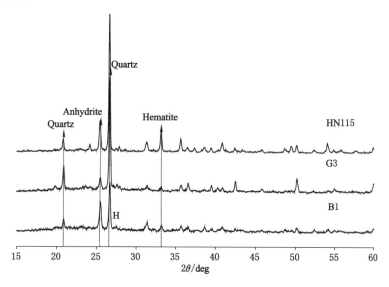

图 8-11　HN115 煤、G3 煤和 B1 煤灰样的 XRD 分析图

8.5.1　不同温度下配煤煤灰矿物行为变化规律

在还原性气氛下,考查 HN115 煤与 G3 煤配煤后煤灰在不同温度条件下的矿物组成变化规律。HN115 煤与 G3 煤的配煤比例为 40%:60%,不同温度下煤灰的 XRD 衍射结果见图 8-12。不同温度下主要矿物组成 XRD 强度趋势如图 8-13 所示。

从图 8-12 中可以看出,在 1 000 ℃时,配煤煤灰中的主要结晶矿物是石英(SiO_2)、硬石膏($CaSO_4$)、钙长石($CaO \cdot Al_2O_3 \cdot 2SiO_2$)、赤铁矿($Fe_2O_3$)和铁尖晶石(FeO·$Al_2O_3$)。石英为原煤中含有的矿物。随着温度的升高,石英衍射强度逐渐减弱。在 1 300 ℃以后,石英衍射线趋于消失,这是由于石英与 Al_2O_3、CaO 等其他成分在高温下发生反应,生成新的矿物或非晶质的玻璃体物质。新生成物质的量取决于石英、Al_2O_3 和 CaO 含量的多少。硬石膏在 1 000 ℃左右发生分解;在 1 100 ℃时,其衍射峰几乎消失。在还原性气氛下,铁易以 FeO 的形态存在,形成的 FeO 与偏高岭石($Al_2O_3 \cdot 2SiO_2$)发生反应形成铁尖晶石。钙长石(熔点为 1 593 ℃)是 CaO 与偏高岭石反应的结果。在 1 200 ℃时,钙长石的衍射强度达到最大,钙长石与石英、铁尖晶石等矿物质之间易发生低温共熔作用,形成低熔点的共晶体使得煤熔融温度降低。

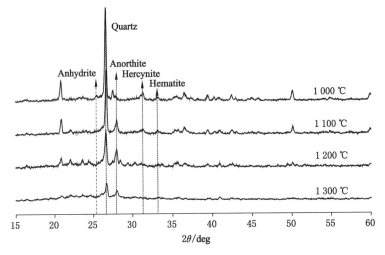

图 8-12　40％HN115＋60％G3 在不同温度下 XRD 分析图

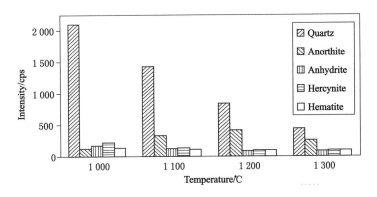

图 8-13　40％HN115＋60％G3 在不同温度下的 XRD 衍射强度比较

8.5.2　不同配煤比例煤灰矿物组成变化规律

选取 HN115 与 B1 相配可以有效降低 HN115 煤灰熔融温度。对于不同配煤比例,考查配煤煤灰在软化温度下的 X 射线衍射结果,其结果如图 8-14 所示。配煤煤灰在软化温度下矿物形态的变化和相变有着很大的不同。

图 8-15 为 HN115 煤与 B1 煤配煤煤灰在软化温度下主要矿物衍射强度对比结果。从图 8-15 中可以看出,HN115 煤与 B1 煤相配,其煤灰在软化温度下的主要结晶矿物是石英、硬石膏、钙长石、铁尖晶石、铁橄榄石($2FeO \cdot SiO_2$)和莫来石($3Al_2O_3 \cdot 2SiO_2$)。莫来石是黏土矿物发生高温相变的产物(熔点为 1 850 ℃)。莫来石含量越高,煤灰熔融温度越高。HN115 煤在软化温度下莫来石衍射峰强度较大,这是 HN115 煤灰熔融温度高达 1 397 ℃的主要原因。当 B1 煤配入量为 20％时,莫来石衍射峰强度下降 50％以上;当 B1 煤配入量为 40％～100％时,莫来石衍射峰变化不明显。莫来石含量的变化导致了 B1 煤配入量为 20％时配煤煤灰熔融温度下降幅度达到最大。铁橄榄石是 FeO 与硅酸盐物质相互反应而形

成。铁橄榄石和铁尖晶石都属于含 Fe^{2+} 化合物,它们的共存可以形成低温共熔物,使得煤灰熔融温度降低。

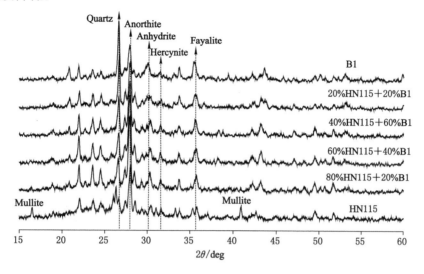

图 8-14　HN115 与 B1 煤相配在软化温度下矿物衍射图

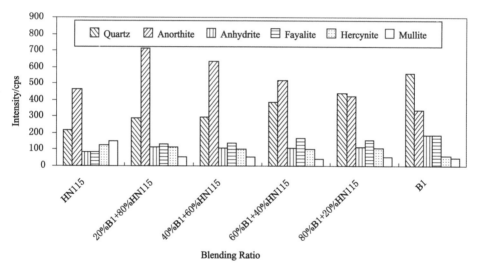

图 8-15　HN115 煤与 B1 煤相配在软化温度下矿物质衍射强度比较

8.6　添加助熔剂后煤灰熔融机理探讨

煤灰是由多种矿物组成的混合物。其中的矿物种类因成煤地质条件的不同而不同。一般包括石英、黏土类矿物、碳酸盐类矿物、硫化物类矿物以及硫酸盐类矿物。煤灰中矿物在加热过程中将发生变化,高温下各矿物之间反应复杂,最终变化成各种硅酸盐矿物和复合氧化物。矿物之间也会发生低温共熔现象。

8.6.1 助熔剂的热化学反应机理

助熔剂一般都选择碱性氧化物,主要是因为碱性氧化物在高温状态下可以与煤灰中硅、铝、铁等盐类发生化学反应。以 M 在高温下的反应为例,其化学反应式如下:

$$SiO_2 + 2M \longrightarrow M_2SiO_3 + H_2O$$
$$Al_2O_3 + 2M + 3H_2O \longrightarrow 2M[Al(OH_4)]$$
$$Al_2O_3 \cdot 2SiO_2 \cdot XH_2O + 2M \longrightarrow M_2O \cdot AL_2O_3 \cdot 2SiO_2 \cdot XH_2O + H_2O$$

从上面的反应中可以知道,由于在高温状态下 M 参加了煤灰中各组分的化学反应,并改变了原来的组分关系,从而使煤灰达到一种新的平衡状态,进而降低煤灰熔融温度。

8.6.2 添加助熔剂后煤灰矿物组成分析

选取 HN119 煤,考查添加助熔剂 ADC、ADF 前后煤灰在 1 000 ℃时的矿物组成变化以及主要矿物组成的 XRD 强度变化规律,其结果见图 8-16 和图 8-17。

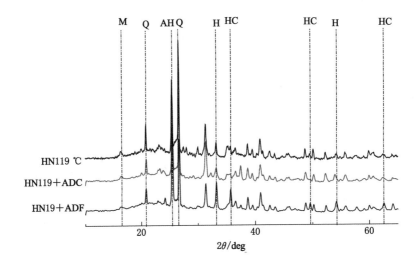

Q——石英;AH——硬石膏;M——莫来石;H——赤铁矿;
An——钙长石;HC——铁尖晶石

图 8-16　HN119 煤灰添加助熔剂前后 XRD 谱图

从图 8-16 中可以看出,在 1 000 ℃时,添加助熔剂 ADC 后,硬石膏的衍射强度明显增强。添加助熔剂 ADF 后,赤铁矿、铁橄榄石的衍射强度明显增强。同时添加 ADC、ADF 这两种助熔剂后,石英、莫来石的衍射强度都有所减弱。这是因为添加的 ADC、ADF 助熔剂与煤灰中的一部分石英以及莫来石反应,生成低温共熔物,从而降低煤灰的熔融温度。

8.6.3 添加助熔剂后煤灰熔渣中矿物组成变化

选取 HN119 煤,添加不同比例助熔剂 ADN,考查煤灰在熔融温度下熔渣矿物组成,其结果见图 8-18。

添加不同量 ADN 助熔剂后,HN119 的熔渣中的莫来石与 α-石英的特征峰衍射强度在

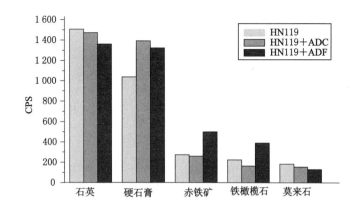

图 8-17　HN119 煤灰添加助熔剂前后矿物 XRD 强度变化

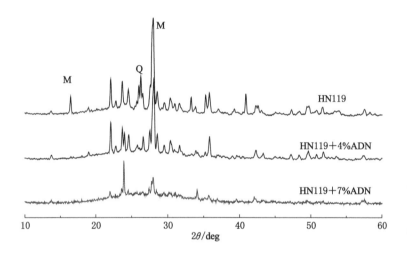

图 8-18　HN119 添加 ADN 助熔剂的 XRD 衍射图

逐步减弱。当 ADN 助熔剂的添加量提高到 7％时,熔渣的特征峰已很稀少,而且强度很弱,从而可推断 HN119 中的矿物质与 ADN 助熔剂在高温下发生了复杂的化学变化,形成一种新的含钠硅铝的结晶矿物——钠长石,这导致煤灰熔融温度大幅度降低。随 ADN 助熔剂添加量增大,钠长石的含量逐渐增多。钠长石在加热过程中会与莫来石发生低温共熔,从而降低 HN119 煤的煤灰熔融温度。

　　图 8-19 是 HN115 煤添加 12％ADC 助熔剂后熔渣的红外光谱图。从图 8-19 中可以看出,对于 HN115 的熔渣,添加 12％ ADC 助熔剂后,在 $800 \sim 1\,200\ cm^{-1}$ 处的谱带发生了分离和向低频区偏移,同时出现了 $1\,085\ cm^{-1}$、$1\,020\ cm^{-1}$、$758\ cm^{-1}$、$624\ cm^{-1}$、$484\ cm^{-1}$ 等新波峰,这些正是钙长石的特征峰,这说明在加入 ADC 助熔剂后原来的硅酸盐的结构被破坏,主要矿物质变为钙长石,使得莫来石的含量较原先未加助熔剂时的低。

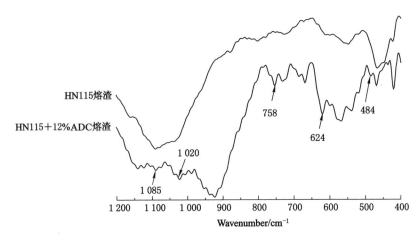

图 8-19　HN115 及添加 12％ADC 助熔剂后熔渣红外光谱图

8.7　本 章 小 结

　　淮南煤的矿物组成主要包括高岭石、蒙脱石、石英、黄铁矿、方解石、白云石、未知组成和其他矿物。煤中高铝硅酸盐黏土矿物和石英(占煤中矿物的 60％以上)导致煤灰流动温度大于 1 500 ℃。高岭石含量高的淮南煤灰熔融性温度也高。XRD 与 FTIR 分析结果表明,淮南煤灰中主要包括石英,赤铁矿,硬石膏,石灰石及含钾云母,金红石,非晶体或玻璃态物质(由包含 Na_2O、K_2O、MgO、CaO、Fe_2O_3 的硅铝酸盐组成的)。

　　高温下淮南煤灰的主要矿物组成,随着温度的增加,发生分解、反应和物相改变。在 1 150 ℃左右,生成钙长石($CaAl_2Si_2O_8$),石英和硬石膏的含量减少,莫来石的含量增加。钙长石和钙黄长石则是由高岭石黏土矿物与碱性矿物反应得到的。从 1 150 ℃到 1 350 ℃,石英的含量迅速减少,钙长石的含量呈先增加后下降趋势。当温度高于 1 250 ℃时,莫来石的含量呈缓慢下降趋势。温度高于 1 350 ℃时,莫来石和非晶态物质成为煤灰的主要物相。升温过程中莫来石的形成是淮南煤灰熔融点高的主要原因。

　　配煤可以有效降低淮南煤的熔融温度,其主要原因是:通过配入低灰熔融温度煤后,在高温下,莫来石衍射峰强度下降,同时形成钙长石、铁橄榄石和铁尖晶石,其与石英等矿物之间易发生低温共熔作用,形成低熔点的共晶体使得煤熔融温度降低。

　　利用 XRD、FTIR 对添加助熔剂煤灰及熔渣进行分析表明,添加助熔剂 ADC、ADF 和 ADN,有效破坏了铝硅酸盐的结构,抑制了高温下莫来石的生成,同时钠长石、钙长石、铁橄榄石的含量逐渐增多,与煤灰中石英等矿物在高温下发生反应,形成低熔点的共晶体,从而起到降低煤灰熔融温度的作用。

参 考 文 献

　　[1] Ward C R, Coal G. Coal Technology[M]. Melbourne：Blackwell Publisher,1984.

　　[2] Baxter L. A. , et al. The impact of mineral impurities in solid fuel combustion

［M］. New York：Plenum Publisher,1999.

［3］ Jak E. Predicting coal ash slag flowcharacteristics［J］. Fuel,2001,80（14）：1989-2000.

［4］ Hurst H J. Ash and slag qualities of Australian bituminous coals for use in slagging gasifiers［J］. Fuel,2000,79(13):1671-1678.

［5］ Ninomiya Y，Sato A. Ash melting behavior under coal gasification conditions［J］. Energy Convers and Management,1997,38(10-13):1405-1412.

［6］ Qiu J R，Li F，Zheng Y，et al. The influences of mineral behavior on blended coal ash fusion characteristics［J］. Fuel,1999,78(8):963-969.

［7］ Wellsa J J，Wigleya F，Fosterb D. J.，et al. The nature of mineral matter in a coal and the effects on erosive and abrasive behavior［J］. Fuel Processing Technology,2005,86(5):535-550.

［8］ Qiu J R，Li F，Zheng C G. Mineral transformation during combustion of coal blends［J］. Int. J. Energy Res,1999,23(5):453-463.

［9］ Yamashita T，Tominaga H，Asahiro N. Modeling of ash formation behavior during pulverized coal combustion［J］. IFRF Combustion Journal,2000,8:1-17.

［10］ Hidero U，Shohei T，Takashi T，et al. Studies of the fusibility of coal ash［J］. Fuel,1986,65(11):1505-1510.

［11］ Ward C R. Analysis and significance of mineral matter in coal seams［J］. International Journal of Coal Geology,2002,50(1-4):135-168.

［12］ Gonia C，Helleb S，Garciac X，et al. Coal blend combustion：fusibility ranking from mineralmatter composition［J］. Fuel,2003,82(15-17):2087-2095.

第9章 利用 FactSage 热力学软件预测煤灰熔融过程

9.1 引　言

许多煤炭公司和电厂都非常关注与煤灰相关的问题[1-3]。在燃烧过程中熔渣的形成、玷污沉积,流化床中灰渣团聚,IGCC(整体煤汽化循环联合)和熔渣床反应器中的灰渣流动都直接与液态熔渣的形成和固态矿物晶相的稳定性相关[4,5]。由于不能准确预测煤及混煤在燃烧和汽化工艺过程中灰和渣的行为[6-13],传统的用于表征高温煤灰行为的方法正逐渐被改进。随着化学热力学和氧化物系统黏度模型的发展以及计算方法的改进,在复杂的多组分灰渣系统中,利用计算机软件和硬件能准确地预测相平衡的条件成为可能[14,15]。

近年来,很多学者利用热力学模型来预测煤灰的熔融温度[16-19]。FactSage 软件[20]于 2001 年,是全球化学热力学领域中一款著名的计算模拟软件。作为化学热力学领域中世界上完全集成数据库最大的计算系统之一,该软件可用于计算化学热力学领域中的各种反应、热力学性能、相平衡等。该软件是 FACT-Win/F∗A∗C∗T 和 ChemSage/SOLGASMIX 两个热化学软件包的结合。该软件由一系列信息、数据库、计算和处理模块构成。研究者可以很容易获取和处理纯物质和溶液数据库。FactSage 热力学软件[21]是一个非常强大的工具,可被化学和物理学家、冶金学家、化学工程师、地质学家、电化学家、环境学家等用于热力学计算。该软件可以提供相形成、比例、成分以及单个化学组分的行为方面的信息,提供所有组分的热力学性质、压力、温度等方面的信息。

由于煤种适用性对煤炭汽化和燃烧过程有重要影响,世界各国对其进行了广泛研究。FactSage 热力学软件已经在世界范围内被用于气流床煤汽化和高炉冶炼过程中技术改进和设计的煤种选择与评价。FactSage 系统[22]是一个大型评价多组分溶液数据库,用于提供温度和组成关系的热力学性质。FactSage 热力学软件包括 15 个组分的数据库,其中有氧化物/玻璃、陶瓷溶液(如尖晶石)、固体和液体盐溶液、金属合金溶液、水溶液等分析数据库。每一个数据库都是选用适当溶液模型对已经采集的数据进行评价和优化得到的。

为了更好地研究还原性气氛下淮南煤灰行为,用 FactSage 热力学模型(FactSage 5.1)来计算高温煤灰液相的量和煤灰矿物组成的转变。通过比较实验获得的煤灰熔融温度和利用 X 射线衍射分析淬火煤灰样品相关性质数据而得到的,验证利用 FactSage 进行理论预测的正确性。

9.2　FactSage 热力学模型计算条件

FactSage 热力学软件被用来预测多组分系统在特定气氛下的多相平衡、固液相的比例。

FactSage 热力学模型计算的条件如下所述。

（1）化学组成

在软件表格里输入煤灰的组成，如输入 Al_2O_3，CaO，Fe_2O_3，Na_2O，K_2O，MgO，SiO_2，SO_3，P_2O_5，TiO_2。

（2）溶液类型

选用 FACT-SLAG 溶液模块进行计算。该模块包含 MgO，FeO，Na_2O，SiO_2，TiO_2，Ti_2O_3，CaO，Al_2O_3，K_2O，MgS，CaS，FeS，Na_2S，Na_3PO_4，$Ca_3（PO_4）_2$，$Mg_3（PO_4）_2$，$Fe_3（PO_4）_2$。

（3）气氛

用 60% CO 和 40% CO_2 混合气体模拟还原性气氛。

（4）压力

FactSage 计算的压力为 0.1 MPa。

（5）温度

用于 FactSage 计算的最初的温度和最终的温度分别为 800 ℃ 和 1 600 ℃。温度间隔为 20 ℃。

9.3　实验研究和分析

9.3.1　煤样选择及预处理

用于 FactSage 热力学软件预测的煤样为 HN115、HN119、KL1、HN106、HNP01、HNC13 等 6 种煤样。利用 XRF(Rigaku X-ray fluorescence)对 6 种煤样的灰成分进行了分析，并在还原性气氛下测定各煤的灰熔融温度，其结果见表 9-1。为了对比预测的煤灰熔融性温度与实测煤灰熔融性温度，对添加不同比例助熔剂的 HN115 和 HN106 两种煤灰分别进行实验测试和 FactSage 预测。

表 9-1　　　　　　　　　　　　　　　煤灰化学组成与熔融温度　　　　　　　　　　单位:%

Coal	SiO_2	Al_2O_3	Fe_2O_3	CaO	MgO	Na_2O	K_2O	SO_3	P_2O_5	TiO_2	$DT/℃$	$ST/℃$	$FT/℃$
HN106	39.8	41.8	9.19	1.13	0.36	0.24	2.29	0.71	0.20	3.35	1 166	1 524	>1 600
HNC13	42.1	40.2	3.94	5.77	0.59	0.41	1.13	1.78	1.22	2.26	>1 500	>1 500	>1 500
HN115	42.3	34.5	6.17	8.55	1.00	0.21	0.76	3.20	0.55	2.24	1 335	1 360	1 412
HN119	42.0	36.9	3.21	9.93	0.44	0.37	0.17	3.82	0.2	2.08	1 434	1 451	1 480
KL1	47.1	35.3	4.72	5.67	0.75	0.26	1.33	2.22	0.19	1.96	1 450	1 500	>1 500
HNP01	50.1	32.9	8.42	1.37	0.62	0.45	2.17	1.00	0.34	1.51	1 425	1 495	>1 500

9.3.2　高温还原性气氛下 XRD 分析

首先，在弱还原性气氛下，利用垂直高温灰熔融性测试装置(见图 3-2)，将大约 1 g 的灰样放入灰熔融性测试仪中,快速加热至指定温度,让样品在加热炉中按照所设定的温度停留反应 5 min,温度范围为 1 050～1 450 ℃。然后,在水中淬冷样品 5 s,以防止缓慢冷却过程中发生矿物质晶型转变和保持此温度下应有的矿物结晶。获得的试样经玛瑙研钵研磨后,用 FTIR 和 XRD 分析,以研究高温下煤灰矿物组成的转变。不同温度淬冷得到的灰样,利用 Rigaku RINT X 射线衍射仪对灰样进行晶体矿物组成分析。将实验测试结果与 Fact-Sage 计算结果进行比较。

9.4 利用 FactSage 计算和分析

9.4.1 高温煤灰液相生成量计算与分析

9.4.1.1 淮南煤灰随温度变化液相生成量计算结果

在还原性气氛下,对三种淮南煤灰随温度升高液相生成量进行了计算(温度范围为800 ℃到 1 600 ℃),其结果见图 9-1。从图 9-1 中可清晰看出,对于高灰熔融温度淮南煤来说,在 1 000 ℃时,已经生成少量的液体物相,尽管在 1 000 ℃左右时,煤灰随温度变化液相的质量分数很低,但是其对液态排渣和干法排渣方式的煤汽化系统都有影响。这个特点并不能利用煤灰熔融温度测试分析出来。

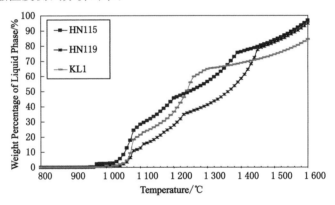

图 9-1　温度对 HN115、HN119、KL1 煤灰样品液相生成量的影响

对于 HN115 煤来说,随加热温度升高,液相的生成可以分成四阶段。第一阶段为液相开始生成阶段。该阶段为 970～1 050 ℃。970 ℃时液相开始形成,加热到 1 050 ℃时,液相的质量分数达到 8.4%左右。平均每升高 1 ℃,液相生成量质量分数提高 0.071%。第二阶段为液相迅速生成阶段。该阶段对应温度为 1 050 ℃至 1 100 ℃。随着温度的增加,液相生成量迅速增加。至 1 100 ℃时,液相的质量分数达到 28.3%。平均每升高 1 ℃,液相生成量质量分数提高 0.40%。第一和第二阶段对应于煤灰加热后的收缩阶段。第三阶段为灰渣软化和变形阶段。该阶段对应温度为 1 100 ℃至 1 410 ℃。随温度增加,液相生成量呈线性增加趋势。至 1 410 ℃时,液相质量分数增加到 77.0 %。平均每升高 1 ℃,液相生成量质量分数提高 0.16%,其增加趋势比从 1 050 ℃升至 1 100 区间的小。该阶段对应煤灰熔融温度测定的变形、软化和流动温度。达到 1 390 ℃后,液相生成量质量分数随温度的升高,仍然呈现线性增加的趋势,但增加的幅度比第三阶段的小。至 1 600 ℃时,液相生成量质量

分数达到 96.9％,仍然有 3.1％的煤灰以固体形式存在。在流动温度阶段(1 390～1 600 ℃),固体组分组成和含量对煤灰渣在该温度区间的黏温特性有直接的影响,其含量也将直接影响煤汽化过程的操作。

对于 HN119 煤来说,与 HN115 煤相似,随加热温度升高,液相的生成也可以分成四阶段。第一阶段为液相开始生成阶段。该阶段为 950～1 050 ℃。950 ℃时,液相开始形成。加热到 1 050 ℃时,液相的质量分数达到 2.2％左右,远低于 HN115 的液相生成量(8.4％)。第二阶段为液相迅速生成阶段。该阶段对应温度为 1 050 ℃至 1 080 ℃。随着温度的增加,液相生成量迅速增加。至 1 080 ℃时,液相的质量分数达到 11.0％。平均每升高 1 ℃,液相生成量质量分数提高 0.29％。第一和第二阶段对应于煤灰加热后的收缩阶段。第三阶段为灰渣软化和变形阶段。在 1 080 ℃至 1 450 ℃区间,随温度增加,液相生成量呈线性增加趋势。至 1 450 ℃时,液相生成量质量分数增加到 77.5％,其增加趋势较第二阶段的小。该阶段对应煤灰熔融温度测定的变形、软化和流动温度。达到 1 450 ℃后,液相生成量质量分数随温度的升高,仍然呈现线性增加的趋势,但其增加的幅度比第三阶段的小。至 1 600 ℃时,液相生成量质量分数达到 96.9％,仍然有 3.1％的煤灰以固体形式存在。在流动温度阶段(1 450～1 600 ℃),固体组分组成和含量对煤灰渣在该温度区间的黏温特性有直接的影响,其含量也将直接影响煤汽化过程的操作。

KL1 煤与 HN115、HN119 煤相似,随加热温度升高,液相的生成也可以分成四阶段。第一阶段为液相开始生成阶段。1 000 ℃时开始有液相形成。至 1 050 ℃时,液相的质量分数达到 2.7％左右,远低于 HN115 的液相生成量(8.4％)。第二阶段为液相迅速生成阶段。该阶段对应温度为 1 050 ℃至 1 080 ℃。随着温度的增加,液相生成量迅速增加。至 1 080 ℃时,液相生成量质量分数达到 18.3％。平均每升高 1 ℃,液相生成量质量分数提高 0.52％。第一和第二阶段对应于煤灰加热后的收缩阶段。第三阶段为 1 080 ℃至 1 300 ℃。随温度增加,液相生成量呈线性增加趋势。至 1 300 ℃时,液相生成量质量分数增加到 65％,其增加趋势较第二阶段的小。达到 1 300 ℃后,液相生成量质量分数随温度的升高呈现缓慢增加的趋势。至 1 540 ℃时,液相生成量质量分数达到 77％。软化和变形温度移至第四阶段。从 1 540 ℃开始为该煤灰的流动温度阶段(1 540～1 600 ℃)。至 1 600 ℃时,液相生成量质量分数达到 84.3％,有 15.7％的煤灰的形式以固体存在,如此多的固体组分含量将使煤灰渣的黏度上升,直接影响煤汽化过程的操作。

同样,在还原性气氛下,对 HN106、HNC13 和 HNP01 三种灰熔融温度相对较高的煤灰,利用 FactSage 进行液相生成量随温度变化的计算,其结果见图 9-2。

HNC13 煤与 KL1 煤相似,随加热温度升高,液相的生成也可以分成四阶段。第一阶段为液相开始生成阶段。850 ℃时开始有液相形成。至 1 050 ℃时,液相的质量分数达到 7.91％左右。第二阶段与第三阶段界限不明显,对应温度为 1 050 ℃至 1 300 ℃。该阶段随着温度的升高,液相生成量迅速增加。至 1 300 ℃时,液相的质量分数达到 55.5％。达到 1 300 ℃后,液相生成量质量分数随温度的升高呈现缓慢增加的趋势。至 1 600 ℃时,液相生成量质量分数达到 71.2％,有 28.8％的煤灰以固体形式存在。软化和变形温度移至第四阶段。由于液相生成量至 1 600 ℃时仍低于 77％,所以该煤灰至 1 600 ℃仍然没有达到流动温度阶段。

对于 HNP01 煤来说,随加热温度升高,液相的生成分成三阶段。在 1 080 ℃时开始有

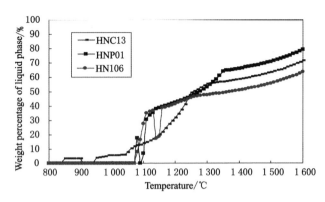

图 9-2　温度对 HN106、HNP01、HNC13 煤灰样品液相生成量的影响

液相形成。然后随温度升高,进入液相迅速生成阶段。至 1 140 ℃时,液相的质量分数达到 37.8%。其后,液相生成量变化趋势与 KL1 煤灰液相变化趋势基本一致。第二阶段温度变化区间为 1 140 ℃至 1 350 ℃。随温度增加,液相生成量呈线性增加趋势。至 1 350 ℃时,液相生成量质量分数增加到 64.2%,其增加趋势较第一阶段的小。第三阶段为 1 350 ℃至 1 600 ℃。当温度升到 1 350 ℃后,液相生成量质量分数随温度的升高呈现缓慢增加的趋势。至 1 530 ℃时,液相生成量质量分数达到 77%。从 1 530 ℃开始为该煤灰的流动温度阶段(1 530~1 600 ℃)。至 1 600 ℃时,液相生成量质量分数达到 79.4%,有 20.6%的煤灰以固体形式存在,将使煤灰渣的黏度上升,直接影响煤汽化过程的操作。

对于 HN106 煤来说,开始形成液相的温度是 1 070 ℃,高于 HN115 和 HN119 两种煤灰的。从 1 070 ℃到 1 110 ℃,液相从很低的数量迅速增加到 35%。高于 1 110 ℃时,液相的形成趋于平稳。当温度到 1 600 ℃时,液相达到 63%。这就意味着熔渣中仍含有高达 40%的固相,还没有达到煤灰的流动温度,是生成量质量分数 HN106 煤灰熔融性温度高的主要原因。

对于不同的淮南煤样,其煤灰在加热温度范围内,开始产生液相的温度是不同的。随温度升高,不同煤样煤灰液相的生成质量分数增加趋势也有很大差别(对应于液相的生成量不同),这表明该煤灰的收缩、变形、软化和流动温度不同。在高温下,固相含量的大小决定着煤灰的流动特性和黏温特性,这主要与原煤中矿物组成有关。

9.4.1.2　添加 ADC 助熔剂淮南煤灰液相生成量计算

对 HN115(FT:1 400 ℃)和 HN106(FT>1 600 ℃)分别进行了添加 ADC 助熔剂液相生成量随温度变化的计算,其计算结果如图 9-3 和图 9-4 所示。

图 9-3 为利用 FactSage 热力学软件计算的添加 ADC 后 HN115 煤灰的液相生成量与温度的关系曲线。当 ADC 添加量为 7.57%时,随温度升高,HN115 煤灰的液相生成量随着温度的增加的变化趋势与原煤灰的液相生成量变化趋势有较大差别,其主要可分为三阶段。第一阶段为液相开始生成阶段,该阶段为 960~1 050 ℃。960 ℃时液相开始形成。加热到 1 050 ℃时,液相的质量分数达到 7.33%左右,与原煤灰的 8.4%液相生成量相近。第二阶段为 1 050 ℃至 1 370 ℃。液相生成量呈现缓慢增加的趋势,与原煤灰的第二阶段-液相快速生成阶段相比,相差较大。至 1 370 ℃时,液相生成量增至 42.4%,远远小于原煤灰在 1 370 ℃时液相生成量(67.7%)。第三阶段为液相快速生成阶段。当温度增加到 1 370

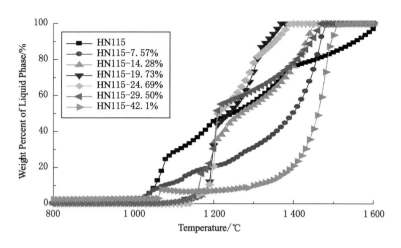

图 9-3　添加 ADC 后 HN115 煤灰的液相生成量与温度的关系曲线

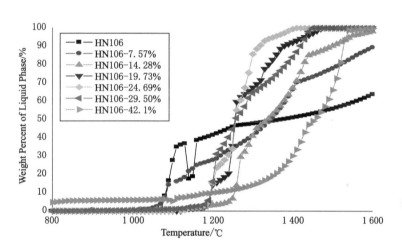

图 9-4　添加 ADC 后 HN106 煤灰的液相生成量与温度的关系曲线

℃后,液相生成速率明显加快。到 1 460 ℃时,液相生成量超过原煤灰液相生成量,达到
82.7%左右。在此温度区间,平均每升高 1 ℃,液相生成量质量分数提高 0.45%。温度达
到 1 480 ℃时,煤灰全部变为液相。从 1 460~1 480 ℃,煤灰生成量以平均每升高 1 ℃,液
相生成量质量分数提高 0.87%的速度快速增加,这与原煤灰至 1 600 ℃仍然有固相存在有
很大差异。从另外一个方面反映出该煤的黏温特性操作区间较小,其渣型为短渣的特性。
在小于 1 450 ℃范围内,添加 7.57%ADC 后煤灰的液相生成量明显小于原煤灰的液相生成
量,这解释了添加少量 ADC 后煤灰熔融温度升高的原因。

　　当 ADC 添加量增至 14.28% 到 29.50%区间时,随温度升高,HN115 煤灰的液相生成
量随着温度增加的变化趋势与原煤灰的液相生成量变化趋势有较大差别,其主要可分为三
阶段。第一阶段为液相开始生成阶段。1 050 ℃时开始形成液相,到 1 180 ℃为止。液相生
成起始温度明显高于原煤灰液相生成起始温度,液相的质量分数缓慢增加。第二阶段为
1 180 ℃至 1 210 ℃。煤灰的液相生成量迅速增加,远远大于原煤灰的第二阶段-液相快速

生成阶段的。至 1 210 ℃，ADC 添加量为 24.69％、29.50％煤灰的液相生成量分别达到 50.0％和 51.7％，大于原煤灰的 46.4％。ADC 添加量为 19.73％的煤灰液相生成量与原煤灰在 1 210 ℃液相生成量接近。而 ADC 添加量为 14.28％液相生成量则小于原煤灰在 1 210 ℃液相生成量。第三阶段，随助熔剂加量不同，液相生成量的变化趋势也不同，但基本都呈现线性增加的趋势。ADC 添加量为 19.73％时，在温度为 1 370 ℃时，最早全部变为液相；其次 ADC 添加量为 24.69％，在温度为 1 390 ℃时，全部变为液相；ADC 添加量为 14.28％时，在 1 450 ℃时，全部变为液相；ADC 添加量增至 29.50％时，温度到 1 470 ℃，全部变为液相。

当 ADC 添加量增至 42.0％时的液相生成量变化趋势，与原煤的相比有较大差异，其可以分成三阶段。第一阶段为液相开始生成阶段。从 800 ℃开始就有液相生成。至 1 060 ℃，液相生成量仍小于 3％。在整个温度区间，液相生成量变化不大。第二阶段为 1 070 ℃至 1 400 ℃。液相生成量呈现缓慢增加的趋势。至 1 400 ℃，液相生成量仅为 21.0％，远远小于原煤灰的液相生成量。至 1 400 ℃，液相生成速率明显变快；至 1 490 ℃时，液相生成量超过原煤灰液相生成量，达到 87.4％左右。在此温度区间，平均每升高 1 ℃，液相生成量质量分数提高 0.73％。温度达到 1 510 ℃，煤灰全部变为液相。这解释了添加大量 ADC 后煤熔融温度升高的原因。

图 9-4 为利用 FactSage 热力学软件计算的添加 ADC 后 HN106 煤灰的液相生成量与温度的关系曲线。当 ADC 添加量为 7.57％时，随温度升高，其主要可分为三阶段。第一阶段为液相开始生成阶段。该阶段为 1 020～1 070 ℃。1 020 ℃时开始形成液相。加热到 1 070 ℃，液相的质量分数达到 3.79％左右，而原煤灰 1 070 ℃时，刚刚开始形成液相。第二阶段为 1 070 ℃至 1 090 ℃。煤灰的液相生成量呈现迅速增加的趋势，与原煤灰的液相生成第二阶段——液相快速生成阶段的趋势基本一致，液相生成量较小。第三阶段为液相缓慢生成阶段。当温度增加到 1 090 ℃后，液相生成速率明显放缓。到 1 350 ℃时，液相生成量超过原煤灰液相生成量，达到 50.1％左右。加热至 1 490 ℃时，液相生成量达到 77％左右，对应于煤灰的流动温度。加热至 1 600 ℃时，仍然有 10.5％的煤灰以固相存在。

当 ADC 添加量增至 14.28％到 29.50％区间时，HN106 煤灰的液相生成量随着温度增加的变化趋势与原煤灰的液相生成量变化趋势有较大差别。其主要可分为三阶段。第一阶段为液相开始生成阶段。从小于 1 000 ℃开始形成液相，到 1 180 ℃为止。起始液相生成温度区间明显高于原煤灰液相起始温度区间。液相的质量分数缓慢增加。第二阶段为 1 180 ℃至 1 210 ℃。煤灰的液相生成量迅速增加，与原煤灰的第二阶段——液相快速生成阶段的非常相似。至 1 210 ℃，ADC 添加量为 29.50％、24.69％、19.73％煤灰的液相生成量分别达到 31.2％、23.6％、15.5％，小于原煤灰在 1 110 ℃生成的液相量（35.0％）。而 ADC 添加量为 14.28％的液相生成量的第一阶段，延迟至 1 250 ℃结束。其后当温度升至 1 270 ℃时，液相生成量迅速增加到 29.5％。在第三阶段，随助熔剂添加量不同，液相生成量的变化趋势也不同，但基本都呈现线性增加的趋势。ADC 添加量为 24.69％时，在温度为 1 410 ℃时，最早全部变为液相；其次 ADC 添加量为 29.50％时，在温度为 1 450 ℃时，全部变为液相；ADC 添加量为 19.73％时，在 1 470 ℃，全部变为液相；ADC 添加量为 14.28％，温度增加到 1 330 ℃时，超过原煤灰的液相生成量；增加到 1 600 ℃，液相生成量为 98.3％。

当 ADC 添加量增至 42.0％液相生成量变化趋势，与原煤灰的相比有较大差异。其可以分成三阶段。第一阶段为液相开始生成阶段。从 800 ℃ 开始就有液相生成。至 1 360 ℃，液相生成量仍小于 20.0％。第二阶段为 1 360 ℃ 至 1 540 ℃。煤灰的液相生成量呈现快速增加的趋势。至 1 540 ℃，煤灰的液相生成量为 98.8％，远远大于原煤灰的液相生成量（58.5％）。在此温度区间，平均每升高 1 ℃，液相生成量质量分数提高 0.44％。

9.4.2　利用 FactSage 软件预测预测煤灰熔融温度

对淮南煤 HN115（$FT=1\ 400$ ℃）添加 ADC 助熔剂后，对其进行煤灰熔融温度的测试和通过 FactSage 软件计算液相生成量。ADC 在煤灰中的添加比例为 7.57％、14.28％、19.73％、24.69％、29.50％，42.10％。把液相生成量为 70％、75％、80％、85％、90％、95％ 和 100％ 时对应的温度分别与实测煤灰流动温度进行比较，其结果如表 9-2 所示。从表 9-2 中可以看出，当液相生成量为 70％ 时，其对应计算温度与原煤灰和添加 42.1％ADC 煤灰的实测流动温度有一定差距；当液相量为 75％～80％ 时，其对应计算温度，在整个助熔剂添加范围内，与实测煤灰的流动温度非常接近；当液相量大于 85％ 时，其对应计算温度明显高于实测煤灰的流动温度。由此可以看出，煤灰流动温度是指其固相全部融化为液相的温度。

表 9-2　　HN115 煤添加 ADC 助熔剂实测流动温度与利用 FactSage 预测流动温度比较　　单位：℃

ADC 添加量	测试 FT	FactSage 预测 FT（通过液相生成量）						
		$FT(70\%)$	$FT(75\%)$	$FT(80\%)$	$FT(85\%)$	$FT(90\%)$	$FT(95\%)$	$FT(95\%)$
HN115	1 410	1 370	1 389	1 459	1 510	1 555	1 590	＞1 600
HN115（ADC,7.57％）	1 445	1 443	1 451	1 457	1 462	1 468	1 473	1 550
HN115（ADC,14.28％）	1 340	1 380	1 396	1 410	1 422	1 432	1 442	1 450
HN115（ADC,19.73％）	1 280	1 295	1 302	1 309	1 317	1 335	1 352	1 370
HN115（ADC,24.69％）	1 280	1 283	1 294	1 305	1 329	1 352	1 373	1 400
HN115（ADC,29.50％）	1 310	1 355	1 384	1 409	1 428	1 443	1 452	1 470
HN115（ADC,42.1％）	＞1 500	1 478	1 481	1 485	1 488	1 494	1 502	1 550

对淮南煤 HN106（$FT>1\ 600$ ℃）添加 ADC 助熔剂后，分别对其进行煤灰熔融温度的测试和通过 FactSage 软件计算液相生成量。ADC 在煤灰中的添加比例为 7.57％、14.28％、19.73％、24.69％、29.50％，42.00％。把液相生成量为 70％、75％、80％、85％、90％、95％ 和 100％ 时对应的温度分别与实测煤灰流动温度进行比较，其结果如表 9-3 所示。从表 9-3 中可以看出，当液相生成量为 70％ 时，在助熔剂添加量小于 29.50％ 时，其对应计算温度明显低于添加 ADC 煤灰的实测流动温度；当助熔剂添加量超过 29.50％，其对应计算温度与实测温度较为接近。当液相量为 75％～80％ 时，其对应计算温度，在整个助熔剂添加范围内，与实测煤灰的流动温度非常接近。当液相量大于 85％ 时，在助熔剂添加量较低和高时，其对应计算温度明显高于实测流动温度。

通过以上比较得出，对于淮南煤来说，用液相生成量为 75％～80％ 时对应的计算温度来预测煤灰流动温度是一种可行的方法。

表 9-3　　HN106 煤添加 ADC 助熔剂实测流动温度与利用 FactSage 预测流动温度比较　　单位:℃

ADC 添加量	测试 FT	FactSage 预测 FT(通过液相生成量)						
		$FT(70\%)$	$FT(75\%)$	$FT(80\%)$	$FT(85\%)$	$FT(90\%)$	$FT(95\%)$	$FT(95\%$
HN106	>1 500	>1 600	>1 600	>1 600	>1 600	>1 600	>1 600	>1 600
HN106(ADC,7.57%)	1 470	1 410	1 470	1 520	1 560	1 600	>1 600	>1 600
HN106(ADC,14.28%)	1 450	1 407	1 418	1 427	1 440	1 500	1 540	>1 600
HN106(ADC,19.73%)	1 360	1 310	1 326	1 340	1 360	1 380	1 430	1 480
HN106(ADC,24.69%)	1 310	1 283	1 288	1 295	1 299	1 316	1 350	1 410
HN106(ADC,29.50%)	1 310	1 335	1 364	1 384	1 403	1 420	1 432	1 450
HN106(ADC,42.1%)	1 500	1 507	1 512	1 518	1 524	1 527	1 533	>1 600

选取液相生成量为 75% 时,对应的计算温度为流动温度,分别与 HN115($FT=$ 1 400 ℃)和 HN106($FT>$1 500 ℃)添加助熔剂 ADC 后的实测流动温度进行了比较,其结果见表 9-4。从表 9-4 中可以看出,当液相含量达到 75% 时,通过计算得到的煤灰流动温度,与实测煤灰流动温度非常接近,两者之差最大值小于 74 ℃,在实验测试要求范围之内。

表 9-4　　　　　　　　　　　煤灰熔融温度测试和预测结果比较

灰样	测试 FT/℃	预测 FT/℃	两者之差/℃
HN115	1 400	1 389	11
HN115(ADC, 7.57%)	1 445	1 451	6
HN115(ADC, 14.28%)	1 340	1 396	56
HN115(ADC,19.73%)	1 280	1 302	22
HN115(ADC,24.69%)	1 280	1 294	14
HN115(ADC,29.50%)	1 310	1 384	74
HN115(ADC,42.1%)	>1 500	1 481	—
HN106	>1 500	>1 600	—
HN106(ADC,7.57%)	1 470	1 470	0
HN106(ADC,14.28%)	1 450	1 418	32
HN106(ADC,19.73%)	1 360	1 326	34
HN106(ADC,24.69%)	1 310	1 288	22
HN106(ADC,29.50%)	1 310	1 364	54
HN106(ADC,42.1%)	1 500	1 512	12

9.5　利用 FactSage 软件预测高温煤灰矿物组成转化

借助 FactSage 软件,对高温还原性气氛下淮南煤灰的矿物组成变化进行了模拟计算,其结果如图 9-5 所示。随着温度增加，黄长石、长石、石英（SiO_2）、莫来石（$Al_6Si_2O_{13}$）、堇青石（$Mg_2Al_4Si_5O_{18}$）、$AlPO_4$、白榴石（$KAlSi_2O_6$）、金红石（TiO_2）、钛铁矿（FeO）（TiO_2）在 800 ℃时开始形成。随着温度升高到 950 ℃，液相开始形成。黄长石和 50% 的莫来石反应生成的长石对煤灰的熔融特性有很大影响。从 800 ℃到 1 000 ℃，长石的含量逐渐增加。从 1 000 ℃左右开始，长石的含量迅速增加至 45.9%，达到最大；当温度超过 1 020 ℃时，长石和石英的含量逐渐减少，液相的含量迅速增加。石英在 1 200 ℃时消失。长石在 1 400 ℃消失。剩余的固相物质主要为莫来石和白榴石，这说明莫来石含量高是淮南煤灰熔融温度高的主要原因，当温度从 1 400 ℃升到 1 600 ℃，莫来石的含量从 21.1% 迅速下降到 1.71%，白榴石的含量从 2.75% 下降到 1.43%。

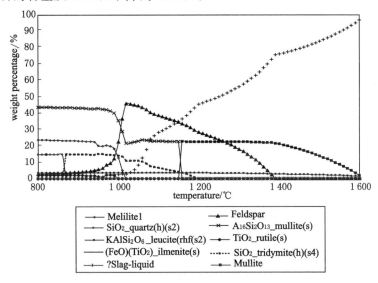

图 9-5　高温还原性气氛下 HN115 煤灰矿物组成变化规律

在模拟的还原性气氛（60%CO，40%CO_2）环境下，利用 XRD 研究了 HN115 煤灰在不同温度下的主要矿物变化规律，其结果见图 9-6。从图 9-6 中可以看出，随着温度增加，混合物之间发生热分解、热转换、反应和物相改变。在 1 150 ℃左右，由于部分熔融物相的聚集，钙长石（$CaAl_2Si_2O_8$）的含量趋于稳定，石英和硬石膏的含量减少，莫来石的含量增加。从 1 150 ℃到 1 350 ℃，石英的含量迅速减少，钙长石的含量呈先增加后下降趋势。当温度高于 1 250 ℃时，莫来石的含量呈缓慢下降趋势。当温度高于 1 350 ℃时，莫来石和非晶态物质成为主要的物相。利用 XRD 检测的石英、钙长石、莫来石和非晶态物相的转变结果与利用 FactSage 软件预测的结果相一致。XRD 分析结果与 FactSage 预测结果相一致，这说明了长石（包括钙长石）的形成与在 1 000 ℃左右熔渣的形成相关。通过以上讨论可以得出，FactSage 热力学软件结合 XRD 分析测试技术，可以用于很好地预测矿物之间的反应以及矿物的转变和熔渣的形成。这将成为一种预测煤中矿物熔渣流动性新的方法，可以用来定量说明在汽化操作中熔渣的形成过程，而这正是通过常规的灰熔融温度测定方法不能给出答案的。

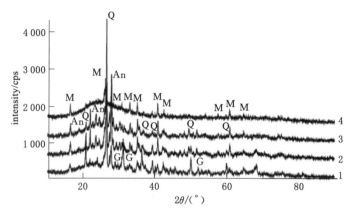

图 9-6　HN115 煤灰在不同温度下的 XRD 图谱

Q——石英；M——莫来石；AN——钙长石；G——钙黄长石

T/℃：1——1 150；2——1 250；3——1 350；4——1 450

9.6　本章小结

FactSage 热力学软件是一种重要工具，可以预测还原性气氛下高温煤灰行为和煤灰熔融温度。

对于淮南煤灰样品，利用 FactSage 软件计算的一定温度下煤灰液相的形成与煤灰熔融温度有很好的相关性。这很好地解释了随温度变化煤灰中矿物组成的变化趋势的原因。利用 FactSage 软件对淮南煤 HN115（$FT=1\,400$ ℃）、HN106（$FT>1\,600$ ℃）添加 ADC 助熔剂后进行了液相生成量计算，得出液相生成量为 $75\%\sim80\%$ 时对应的温度与实测两种煤灰流动温度接近，两者之差最大不高于 74 ℃。FactSage 软件可以很好地预测煤灰流动温度。

利用 FactSage 软件计算煤灰矿物的转化结果与 XRD 分析的结果相一致。FactSage 热力学软件结合 XRD 分析测试技术，可以很好地用于预测矿物之间的反应以及矿物的转变和熔渣的形成。这将成为一种预测煤中矿物熔渣流动性新的方法，可以用来定量说明在汽化操作中熔渣的形成过程，而这正是通过常规的灰熔融温度测定方法不能给出答案的。

参 考 文 献

[1] Jak E, Hayes P C. Thermodynamic modeling of the coal ash systems in black coal utilization[C]. Proceedings of 18th Pittsburgh Coal Conference 2001, Newcastle, Australia.

[2] Ninomiya Y, Sato A. Ash melting behavior under coal gasification conditions[J]. Energy Conversion and management, 1997, 38:1405-1412.

[3] Yamashita T, Tominaga H, Asahiro N. Modeling of ash formation behavior during pulverized coal combustion[J]. The IFRF Combustion Joural, 2000, 8:1-17.

[4] Patterson J H, Hurst H J. Ash and slag qualities of Australian bituminous coals

for use in slagging gasifiers[J]. Fuel,2000,79(13):1671-1678.

[5] Skrifvars B J, Laurén T, Hupa M, et al. Ash behaviour in a pulverized wood fired boiler-A case study[J]. Fuel, 2004,83(10):1371-1379.

[6] Gray V R. Prediction of ash fusion temperature from ash composition for some New Zealand coals[J]. Fuel,1987,66(9):1230-1239.

[7] Kucukbayrak S, Ersoy M A, Haykiri A H, et al. Investigation of the relation between chemical composition and ash fusion temperatures for some Turkish lignites[J]. Fuel Science and Technology International. 1993,11:1231-1249.

[8] Llyod W G, Riley J T, Zhon S, et al. Ash fusion temperatures under oxidizing conditions[J]. Energy and Fuels,1995,7:490-494.

[9] Seggiani M. Empirical correlations of the ash fusion temperatures and temperature of critical viscosity for coal and biomass ashes[J]. Fuel, 1999, 78 (9): 1121-1125.

[10] Yin C, Luo Z, Ni M, et al. Predicting coal ash fusion temperature with a back-propagation neural network model[J]. Fuel,1998,77(15):1777-1782.

[11] Huggins F E, Kosmack D A, Huffman G P. Correlation between ash-fusion temperatures and ternary equilibrium phase diagrams[J]. Fuel,1981,60(7): 577-584.

[12] Huffman G P, Huggins F E, Dunmyre G R. Investigation of the high temperature behavior of coal ash in reducing and oxidizing atmospheres[J]. Fuel,1981, 60(7):585-597.

[13] Goni C, Helle S, Garcia X, et al. Coal blend combustion: Fusibility ranking from mineral matter composition[J]. Fuel,2003,82(15-17):2087-2095.

[14] Yan L, Gupta R P, Wall T F, et al. The implication of mineral coalescence behavior on ash formation and ash deposition during pulverized coal combustion [J]. Fuel,2001,80(9):1333-1340.

[15] Yin C G, Luo Z, Ni M J, et al. Predicting coal ash fusion temperature with a back propagation neural network mode[J]. Fuel,1998,77(15):1777-1782.

[16] Rhinehart R R, Attar A A. Ash fusion temperature: A thermodynamically-based model[J]. American Society of Mechanical Engineers Petroleum Division, 1987,8:97-101.

[17] Kondratiev A, Jak E. Predicting coal ash slag flow characteristics[J]. Fuel, 2001, 80(14):1989-2000.

[18] Qiu J R, Li F, Zheng C G. Mineral transformation during combustion of coal blends[J]. International Journal of Energy Research,1999,23:453-463.

[19] Jak E, Degterov S, Zhao B, et al. Coupled experimental and thermodynamic modelling studies for metallurgical smelting and coal combustion systems[J]. Metal Trans,2000, 31B:621-630.

[20] Bale C W, Chartrand P, Degterov S A. FactSage thermo chemical software and

databases[J]. Calphad,2002,26(2):189-228.

[21] Li Hanxu, Ninomiya, Dong Zhongbing, et al. Application of the Factsage to predict the ash melting behavior in reducing conditions [J]. Chinese Journal of chemical Engineering. 2006,14:784-789.

[22]曹战民,宋晓艳,乔芝郁. 热力学模拟计算软件 FactSage 及其应用[J]. 稀有金属, 2008,32(2):216-219.

第 10 章　总结与展望

10.1　总　　结

以安徽省淮南矿区高灰熔融温度煤为研究对象,利用 CCSEM、XRD、XRF 研究了淮南煤样矿物组成、矿物的粒度分布以及煤灰的晶体矿物组成和化学组成;在还原性气氛下,探讨了助熔剂和配煤降低淮南煤灰熔融温度来改善黏温特性影响规律,研究了矿物组成与灰熔融温度和灰黏度的关系;利用 FTIR、XRD、CCSEM 等现代仪器分析技术对煤灰熔融过程中的矿物相变进行分析,研究了煤灰熔融机理;利用 FactSage 热力学软件预测还原性气氛下高温煤灰行为特征和煤灰熔融温度。

经过分析与研究,主要得到以下成果。

10.1.1　淮南煤中矿物组成和粒度组成分布规律

了解淮南煤的矿物组成和粒度组成分布规律,对于从根本上了解淮南煤灰的化学行为,解决与灰相关的各种工艺和环境问题具有重要的作用。这对于淮南煤在煤汽化过程中的清洁、高效、经济利用具有重要意义。

(1) 淮南煤的矿物组成包括高岭石、蒙脱石、石英、黄铁矿、方解石、白云石、其他微量矿物和未知组成。铝硅酸盐黏土矿物和石英占淮南煤中矿物的 60% 以上,这是淮南煤灰流动温度高的主要原因。HN115 和 XM 煤的黏土矿物含量低,方解石和黄铁矿的含量高,所以其煤灰熔融温度相对较低。高岭石含量愈高的淮南煤,其煤灰熔融温度也呈现愈高的趋势。

(2) 淮南煤与 G3 煤、B1 煤和 H 煤(煤灰熔融温度小于 1 350 ℃)所含主要矿物组成种类基本相同,但含量差别很大,主要区别是高岭石和其他黏土矿物含量,黏土矿物、黄铁矿、方解石和白云石组成含量对于煤灰熔融温度高低起决定性作用。煤灰熔融温度是由煤中的矿物组成所决定,而非化学组成所决定。

(3) 淮南煤中高岭石、石英矿物的粒度呈现双峰分布的规律。高岭石含量较高,决定淮南煤中整个矿物颗粒分布的趋势。颗粒直径分别在 10 μm 和 100 μm 左右时达到峰值。蒙脱石、方解石和黄铁矿颗粒呈现单峰分布的规律。黄铁矿在煤中主要以 100 μm 大颗粒形式存在。矿物颗粒的大小和组成对煤汽化过程中的煤灰的化学行为、熔融特性和飞灰黏附特性都会产生重要的影响。

10.1.2　助熔剂与配煤对煤灰熔融温度的影响规律

(1) ADC、ADF、ADN 三种助熔剂均可不同程度的降低淮南煤灰熔融温度,,三种助熔剂对淮南煤灰的助熔效果的排列顺序基本上是 ADN＞ADF＞ADC。ADC 对 HN115 和

HN119 煤灰熔融温度的影响趋势相似,随助熔剂加量增加,煤灰熔融温度呈现上升,迅速下降和上升的变化趋势,说明了 ADC 助熔剂助熔反应的复杂性。ADC 对 HN113 煤灰熔融温度的助熔效果不明显。ADN 助熔剂对淮南四种煤的助熔效果十分明显。对 KL1 煤灰助熔效果更为显著,ADN 助熔剂的灰基添加量分别为 1.25%、3.86%、4.55% 和 10.68% 时,可以使 HN115、HN119、KL1 和 HN113 四种煤灰熔融温度降到 1 380 ℃,满足 Texaco 液态排渣操作温度的要求。ADF 对四种煤降低煤灰熔融温度的趋势基本一致,且呈线性下降趋势。ADF 对 KL1 煤灰的助熔效果较好,HN113 煤的灰熔融温度助熔效果不显著。

(2) 通过配入 H、G3、B1 煤可以使淮南煤灰流动温度降低至 1 380 ℃ 以下,满足 Texaco 汽化炉运行要求。三种煤与所选大部分淮南煤配煤后流动温度的变化基本呈现线性下降的变化趋势,B1 与 HN106 配煤灰流动温度呈现非线性变化趋势。三种煤对淮南煤配煤助熔效果排序为:B1>H>G3。

(3) 利用多元线性回归原理,分别建立了助熔剂添加量、配煤比例与淮南煤灰熔融温度 (FT) 关系数学模型,从回归方程可以看出,助熔剂添加量对淮南煤灰流动温度的影响基本呈现非线性变化规律。除 HN106 煤与 B1 煤相配呈现非线性变化关系以外,配煤比、配煤灰比与配煤灰流动温度的数学模型基本呈线性变化关系。

10.1.3 助熔剂与配煤对煤灰黏温特性影响

(1) 淮南煤 HN119 与 KL1 煤灰黏度对温度的变化反应较敏感,随温度的降低,黏度迅速升高,两种煤的灰渣均在温度大于 1 520 ℃ 以上时,黏度达到 25 Pa·s 左右,渣型属于"短渣"类型,两者都属于高灰熔融性煤,不能在 Texaco 和 Shell 汽化炉使用。B1 和 G3 煤灰的黏度,在相同温度下,比淮南煤灰的黏度要低得多,B1 煤的灰渣黏度随温度增加呈现下降趋势,渣型为"近玻璃体"类型,G3 煤为典型的"玻璃体渣"类型,随着温度的上升,黏度逐渐变小,此类灰渣黏度不会产生突变,因此较为适合应用于液态排渣汽化炉。

(2) 添加助熔剂能有效降低灰渣黏度。添加灰基 8.7% ADN 助熔剂时,可以使 HN119 煤灰在 1 380 ℃ 时黏度达到 20 Pa·s,其渣型由"短渣"转变为"近玻璃体渣"类型。配煤在有效降低灰渣黏度的同时也可以改善灰渣的流动类型,60%KL1 与 40%B1 煤相配,黏度达到 25 Pa·s 时对应温度比 KL1 原煤降低 250 ℃,且渣型也由"结晶渣"转变为"近玻璃渣"类型。但是 50%HN106 与 50%B1 煤相配,灰渣黏度下降,但灰渣的类型没有改变。

(3) 通过实测值与计算值的对比,黏度经验公式一对配煤灰渣黏度的预测较为准确。黏度经验公式三可用来预测添加助熔剂的淮南煤灰渣黏温特性。

10.1.4 高温煤灰化学行为和熔融机理研究

(1) XRD 与 FTIR 分析结果表明,淮南煤灰(815 ℃)中主要包括石英,赤铁矿,硬石膏,石灰石及含钾云母,金红石,非晶体或玻璃态物质(由包含 Na_2O,K_2O,MgO,CaO,Fe_2O_3 的硅铝酸盐组成的),其中玻璃态物质的含量可以由图中的鼓包反映出来,它们是淮南煤灰行为复杂的主要原因。

(2) 还原性气氛下,当温度高于 1 350 ℃ 时,淮南煤灰主要含有莫来石和非晶态物质,升温过程中莫来石的形成是淮南煤灰熔融点高的主要原因。配煤可以有效降低淮南煤的熔融温度,配入低灰熔融温度煤后,高温下莫来石衍射峰强度下降,同时形成钙长石、铁橄榄石和铁尖晶石,它们与石英等矿物之间易发生低温共熔作用,形成低熔点的共晶体使得煤熔融温度降低。利用 XRD、FTIR 对添加助熔剂煤灰及熔渣进行分析表明,添加助熔剂 ADC、ADF 和 ADN 后,有效破坏了铝硅酸盐的结构,抑制了高温下莫来石的生成,同时钠长石、钙长石、铁橄榄石的含量逐渐增多,与煤灰中石英等矿物在高温下发生反应,形成低熔点的共晶体,从而起到降低灰熔融温度的作用。

10.1.5　利用 FactSage 热力学软件预测煤灰熔融过程

(1) FactSage 热力学软件是一种重要工具,可以预测还原性气氛下高温煤灰行为和煤灰熔融温度。利用 FactSage 软件对淮南煤 HN115(FT＝1 400 ℃)、HN106(FT＞1 600 ℃)添加 ADC 助熔剂后进行了液相生成量计算,得出液相生成量为 75％～80％时对应的温度与实测煤灰流动温度接近,两者之差最大不高于 74 ℃,可以很好地预测煤灰流动温度。

(2) 利用 FactSage 软件计算煤灰矿物的转化过程与 XRD 分析的结果相一致。FactSage 热力学软件结合 XRD 分析测试技术,可以用于很好的预测矿物之间的反应、以及矿物的转变和熔渣的形成。这将成为一种预测煤中矿物熔渣流动性新的方法,可以用来定量说明在汽化操作中熔渣的形成过程。

10.2　创　新　点

(1) 利用 CCSEM 对淮南煤的矿物组成和粒度组成分布规律进行了研究,淮南煤灰熔融温度高的主要原因是铝硅酸盐黏土矿物和石英含量占淮南煤中矿物的 60％以上。淮南煤中高岭石、石英矿物的粒度呈现双峰分布的规律,蒙脱石、方解石和黄铁矿颗粒的分布呈现单峰分布的规律,黄铁矿在煤中主要以 100 μm 大颗粒形式存在,这对于了解淮南煤灰的化学行为,从根本上解决与灰相关的各种工艺和环境问题提供了参考与依据,对于淮南煤的清洁、高效、经济利用具有重要意义。

(2) 通过添加助熔剂和配煤可以有效降低淮南煤灰熔融温度和改善黏温特性,利用线性回归原理,分别建立了助熔剂添加量、配煤比例与淮南煤灰熔融温度关系数学模型,为淮南煤在气流床汽化中应用打下了坚实的基础。

(3) 利用 CCSEM、XRD、FTIR 等先进仪器进行分析,找出淮南煤灰熔融温度高的主要原因是升温过程中莫来石的形成,找出了助熔剂和配煤降低淮南煤灰熔融温度,改善黏温特性影响规律,探讨了高温煤灰化学行为和熔融机理。

(4) 利用 FactSage 热力学软件来预测还原性气氛下高温煤灰行为和煤灰熔融温度,得出淮南煤灰液相生成量为 75％～80％时对应的温度与实测煤灰流动温度接近,借助 FactSage 热力学软件结合 XRD 分析测试技术,可以用于很好的预测矿物之间的反应以及矿物的转变和熔渣的形成。

10.3　展　　望

通过本论文的研究对淮南矿区煤的化学组成、矿物组成、煤灰熔融温度和黏温特性以及淮南煤灰在高温下化学行为有了更为深入认识,基本掌握了淮南矿区煤样矿物组成、粒度组成以及煤灰的晶体矿物组成和化学组成分布变化规律；找出了还原性气氛下，助熔剂和配煤降低淮南煤灰熔融温度，改善黏温特性影响规律，研究了煤灰熔融机理；利用 FactSage 热力学软件预测还原性气氛下高温煤灰行为特征和煤灰熔融温度。但是由于实验仪器设备和认识的局限性，作者感到在研究中还有些工作有待于进一步深入和完善。

（1）应对淮南地区不同成煤时代、不同矿区煤进行更为深入细致的研究工作，建立针对煤炭汽化的煤质数据库和淮南煤汽化煤种适用性评价方法。

（2）利用高温拉曼光谱、高温 XRD 以及原子力显微镜等分析手段，通过高温、原位和实时技术来研究煤灰熔体结构、煤灰熔融机理和矿物组成变化规律，为解决淮南煤在气流床汽化中应用提供理论依据和参考。

（3）深入学习 FactSage 热力学软件的其他模块，进行相图和黏度计算预测，使之对淮南煤灰的化学行为预测更为准确更为合理。